科學少年學習誌

編／科學少年編輯部

科學閱讀素養
地科篇 2

遠流

科學少年

科學閱讀素養 地科篇2 目錄

課程連結表

文章主題	文章特色	搭配108課綱（第四學習階段 — 國中）	
		學習主題	學習內容
炎炎夏日「颱」客到	說明颱風發展的過程、颱風分級的方式以及颱風觀測的方法。可以了解有關颱風知識的重點，並透過思考整合知識，更深入的探討颱風！	變動的地球（I）：天氣與氣候變化（Ib）	Ib-IV-5臺灣的災變天氣包括颱風、梅雨、寒潮、乾旱等現象。
		科學、科技、社會及人文（M）：天然災害與防治（Md）	Md-IV-2颱風主要發生在七至九月，並容易造成生命財產的損失。 Md-IV-3颱風會帶來狂風、豪雨及暴潮等災害。
看天氣圖說故事	不僅講解天氣圖繪製的方法以及用途，也舉例說明天氣圖上每一個測站標示數字的意思。能更深入了解如何閱讀天氣圖，並做出天氣預報。	改變與穩定（INd）*	INd-III-7天氣圖上用高、低氣壓、鋒面、颱風等符號來表示天氣現象，並認識其天氣變化。
		變動的地球（I）：天氣與氣候變化（Ib）	Ib-IV-2氣壓差會造成空氣的流動而產生風。 Ib-IV-4鋒面是性質不同的氣團之交界面，會產生各種天氣變化。
空氣監測自己來	理解懸浮微粒的定義以及對人類的影響，並學習利用身邊容易取得的松樹樹葉的氣孔來進行觀察、檢測空氣品質。能更深入了解空氣汙染的相關知識！	科學、科技、社會及人文（M）：環境汙染與防治（Me）	Me-IV-3空氣品質與空氣汙染的種類、來源及一般防治方法。
大海上的高速公路——洋流	介紹洋流發生的原因與影響，黃色小鴨的故事和日本東北大地震生的廢棄物也增加了人們對洋流的認識和關注。有助於進一步探討洋流與氣候、生態的關係。	變動的地球（I）：海水的運動（Ic）	Ic-IV-1海水運動包含波浪、海流和潮汐，各有不同的運動方式。 Ic-IV-2海流對陸地的氣候會產生影響。
天空的立法者——克卜勒	說明克卜勒提出行星運動三大定律的歷史過程。「延伸思考」中加入了行星尺的實作、超級月亮、哥白尼與克卜勒的比較等，觸及「尺度」、「科普」「科學史」各面向的學習。	系統與尺度（INc）*	INc-III-15除了地球外，還有其他行星環繞著太陽運行。
		自然界的現象與交互作用（K）：萬有引力（Kb）	Kb-IV-2帶質量的兩物體之間有重力，例如：萬有引力，此力大小與兩物體各自的質量成正比、與物體間距離的平方成反比。
		地球環境（F）：地球與太空（Fb）	Fb-IV-1太陽系由太陽和行星組成，行星均繞太陽公轉。
		科學、科技、社會及人文（M）：科學發展的歷史（Mb）	Mb-IV-2科學史上重要發現的過程，以及不同性別、背景、族群者於其中的貢獻。
星際殺手之隕石撞擊滅門慘案	說明了找尋白堊紀大滅絕原由的歷史，也提醒了我們在推論、探究的過程需要許多專業面向的共同合作，等待結果出爐的時間可能需要幾十年這麼久，最後預告了地球再次遭受隕石撞擊的可能性。	改變與穩定（INd）*	INd-III-1自然界中存在著各種的穩定狀態；當有新的外加因素時，可能造成改變，再達到新的穩定狀態。
		交互作用（INe）*	INe-III-12生物的分布和習性，會受環境因素的影響；環境改變也會影響生存於其中的生物種類。
		演化與延續（G）：演化（Gb）	Gb-IV-1從地層中發現的化石，可以知道地球上曾經存在許多的生物，但有些生物已經消失了，例如：三葉蟲、恐龍等。
		地球的歷史（H）：地層與化石（Hb）	Hb-IV-1研究岩層岩性與化石可幫助了解地球的歷史。 Hb-IV-2解讀地層、地質事件，可幫助了解當地的地層發展先後順序。
我們所居住的銀河系	淺談觀察銀河系及推論銀河系型態的天文學歷史，也介紹了銀河系的家族成員，藉由尺度的標示，更顯人類的渺小。	系統與尺度（INc）*	INc-III-1自然界或生活中有趣的最大或最小的事物（量），事物大小宜用適當的單位來表示。
		物質系統（E）：自然界的尺度與單位（Ea）	Ea-IV-2以適當的尺度量測或推估物理量，例如：奈米到光年、毫克到公噸、毫升到立方公尺等。
		地球環境（F）：地球與太空（Fb）	Fb-IV-1太陽系由太陽和行星組成，行星均繞太陽公轉。

*為國小課綱

導讀 科學 ✕ 閱讀二

閱讀是人類學習的重要途徑，自古至今，人類一直透過閱讀來擴展經驗、解決問題。到了 21 世紀這個知識經濟時代，掌握最新資訊的人就具有競爭的優勢，閱讀更成了獲取資訊最方便而有效的途徑。從報紙、雜誌、各式各樣的書籍，人只要睜開眼，閱讀這件事就充斥在日常生活裡，再加上網路科技的發達便利了資訊的產生與流通，使得閱讀更是隨時隨地都在發生著。我們該如何利用閱讀，來提升學習效率與有效學習，以達成獲取知識的目的呢？如今，增進國民閱讀素養已成為當今各國教育的重要課題，世界各國都把「提升國民閱讀能力」設定為國家發展重大目標。

另一方面，科學教育的目的在培養學生解決問題的能力，並強調探索與合作學習。近年，科學教育更走出學校，普及於一般社會大眾的終身學習標的，期望能提升國民普遍的科學素養。雖然有關科學素養的定義和內容至今仍有些許爭議，尤其是在多元文化的思維興起之後更加明顯，然而，全民科學素養的培育從 80 年代以來，已成為我國科學教育改革的主要目標，也是世界各國科學教育的發展趨勢。閱讀本身就是科學學習的夥伴，透過「科學閱讀」培養科學素養與閱讀素養，儼然已是科學教育的王道。

對自然科老師與學生而言，「科學閱讀」的最佳實踐無非選擇有趣的課外科學書籍，或是選擇有助於目前學習階段的學習文本，結合現階段的學習內容，在教師的輔導下以科學思維進行閱讀，可以讓學習科學變得有趣又不費力。

素養+樂趣！

撰文／陳宗慶

　　我閱讀了《科學少年》後，發現它是一本相當吸引人的科普雜誌，更是一本很適合培養科學素養的閱讀素材，每一期的內容都包括了許多生活化的議題，涵蓋了物理、化學、天文、地質、醫學常識、海洋、生物……等各領域有趣的內容，不但圖文並茂，更常以漫畫方式呈現科學議題或科學史，讓讀者發覺科學其實沒有想像中的難，加上內文長短非常適合閱讀，每一篇的內容都能帶著讀者探究科學問題。如今又見《科學少年》精選篇章集結成有趣的《科學閱讀素養》，其內容的選編與呈現方式，頗適合做為教師在推動科學閱讀時的素材，學生也可以自行選閱喜歡的篇章，後面附上的學習單，除了可以檢視閱讀成果外，也把內文與現行國中教材做了連結，除了與現階段的學習內容輕鬆的結合外，也提供了延伸思考的腦力激盪問題，更有助於科學素養及閱讀素養的提升。

　　老師更可以利用這本書，透過課堂引導，以循序漸進的方式帶領學生進入知識殿堂，讓學生了解生活中處處是科學，科學也並非想像中的深不可測，更領略閱讀中的樂趣，進而終身樂於閱讀，這才是閱讀與教育的真諦。㊙

作者簡介

陳宗慶　國立高雄師範大學物理博士，高雄市五福國中校長，教育部中央輔導團自然與生活科技領域常務委員，高雄市國教輔導團自然與生活科技領域召集人。專長理化、地球科學教學及獨立研究、科學展覽指導，熱衷於科學教育的推廣。

炎炎夏日 颱客到

說到夏天就讓人想到颱風，這個在海面上轉啊轉，
把自己愈轉愈強大的怪物，
地球偵探到現在都還沒有完全參透它呢！

撰文／王嘉琪

炎炎夏日，除了吃冰躲太陽外，大家最關心的就是颱風動態。每年到了颱風季節，我們內心難免小小期待著能放颱風假，不過颱風真的來臨時，又很擔心狂風暴雨會引發嚴重災情。每次一有颱風，電視上的氣象主播總會說些「在太平洋海面上的熱帶低壓不排除發展成颱風……」這類的話，到底是什麼意思？颱風又是怎麼來的？讓我們跟著地球偵探，好好認識一下這個現象！

什麼是颱風？

我們可以把地球大氣想像成一大缸水，當水缸兩側水位不一樣高時，高水位那側會形成較大的壓力將水推向低水位那側，產生「水往低處流」的現象。在大氣裡，因為緯度位置不同或海陸分布等等因素，空氣的受熱不會完全均勻，這時比較熱的空氣會膨脹變輕，與周圍較冷的空氣比起來氣壓較低，也會產生「空氣往低壓流」的現象，這就是

圖片來源：NASA

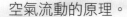

空氣流動的原理。

　如果我們在大氣水缸的熱帶地區快速的加熱，通常這些熱量是來自對流雲中水氣凝結時放出的潛熱，由於熱量相當龐大而集中，會逐漸產生一個圓圓的低壓，稱為「熱帶低壓」。當這個低壓增強到某個程度時，就會被稱為熱帶氣旋，也就是我們熟悉的颱風。颱風的暴風半徑平均約 200 ～ 300 公里，但是也有大到 400 或 500 公里的巨大颱風。

由於颱風會帶來強風暴雨，在臺灣是最受重視的災害性天氣現象。

　颱風就像各位臉上的痘痘，會長在臉上皮脂腺茂密的區域。地球表面的皮脂腺茂密區就在溫暖的熱帶海洋上，這是由於溫暖的海洋可以提供水氣與熱量，透過海水蒸發作用，水氣可以將海洋中的熱量帶到大氣裡，用來加熱局部的空氣，產生氣壓差並引起空氣流動，例如赤道附近的西太平洋就

有一大片暖海水,從海表面一直到海面以下 100 ～ 200 公尺內都很溫暖,稱為「暖池」,臺灣就位在這片暖池的西北邊緣上。

只是皮脂腺很密集並不一定會長痘痘,還要時機配合,比方說熬夜打電動後通常就會冒痘痘。熱帶是個大範圍的低壓區(下圖紅色虛線標示的區域),叫做「間熱帶輻合區」,它是分布在赤道南北兩側的長條狀低壓。這條帶狀低壓雖然跨在赤道兩側,但是會隨著季節南北移動,在北半球夏季時比較偏北方,冬季時比較偏南方,所以,在夏季時有較大範圍的低壓區位於北半球,我們也會有較高的機會長出「大氣痘痘」。此外,由於熱帶地區大部分是廣大的海洋,受太陽加熱均勻,同時因為對流旺盛,可以很快的將大氣混合均勻,所以大部分熱帶地區,在

垂直方向上的風速差異也不會太強,也就是垂直風切很小的意思,這樣的環境比較有利於颱風生成。

你昨天晚上一定熬夜打電動了對吧?

妳怎麼知道!?

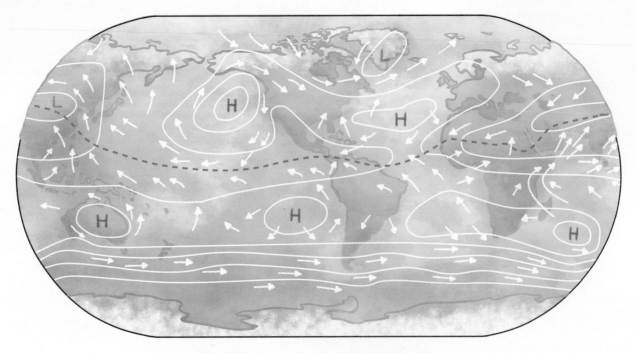

七月份地面氣壓分布圖。這張圖呈現長期氣候的平均狀態,紅色虛線是「間熱帶輻合區」。

繪圖:曾建華、張國瑞

颱風是這樣誕生的！

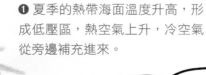

❶ 夏季的熱帶海面溫度升高，形成低壓區，熱空氣上升，冷空氣從旁邊補充進來。

❷ 在科氏力的影響下，空氣的流動開始旋轉，把周圍的水氣都帶進來，逐漸長大成颱風。

可能有人會好奇，為什麼大低壓帶中會隨機的出現數個小型低壓呢？老實說，超過半世紀的研究，地球偵探還是無法精確說明這些「痘痘」的前身是怎麼長出來的。就像鼻子上毛孔這麼多個，我們也不清楚為什麼剛好有兩、三個就是會堵住。我們只知道當海水夠熱、有大範圍的低壓區、高低層的風速差異很小時，「大氣痘痘」比較容易長出來。

颱風為何這樣轉？

我們已經知道生出颱風的低壓是怎麼來的了，可是每次看到電視上的衛星雲圖，颱風總是逆時針旋轉，為什麼呢？

讓空氣在流動時產生旋轉，提供颱風生成時的初始旋轉力的兇手，名叫「科氏力」。科氏力其實不是真實存在的力，而是因為物體在空中移動時，底下的地球正在旋轉所產生的位置偏差，讓空中的物體明明只是直線移動，卻看起來像是會轉彎一樣。

在大部分的情況下，颱風很不容易在低於緯度五度的地區生成，是因為南北緯五度內的範圍，科氏力非常小，不足以讓空氣產生足夠的旋轉。但是在某些天時地利的情況下，也曾在低緯度生成過颱風，例如 2001 年 12 月的畫眉颱風，發生在南海海域，北緯 1.5 度左右的地方。這個颱風就不是由科

你是我的颱風眼

颱風眼的形成目前仍是個謎,不過一般推測是因為當空氣朝颱風中心聚集時,氣流旋轉並逐漸上升,會在靠近中心處形成一圈風速強勁的眼牆,上升的空氣會在颱風上方累積並形成高壓,因此在颱風高層空氣是往外流的。但是有一小部分的空氣卻會朝颱風中心流動並下沉,在眼牆內形成一小片圓形沒有雲雨的區域,這就是颱風眼。地球偵探目前只能確定颱風眼形成時,颱風內部的組織要很完整,同時颱風強度會達到中度颱風的等級。

氏力提供初始的旋轉力,而是由於強勁的東北季風南下到南海後,與當地的地形及局部環流互相影響後產生的。除了畫眉,比較有名的還有 2004 年的阿耆尼、2012 年的寶發。透過研究這些特殊颱風,地球偵探可以更進一步認識大氣這個複雜的系統,並持續修正從前的理論。

強颱輕颱,誰說了算?

「這次的颱風已經從輕度增強為中度,中央氣象局不排除再增強為強烈颱風的可能性……」看到這段新聞描述,大家是否覺得非常緊張、有種大難臨頭的感覺?

颱風的強度依照風速來區分,但是颱風那麼大一個,到底要測量哪個位置的風速才對?我們要測量的是靠近颱風中心的風速,稱為「近中心風速」,但又不是颱風眼中的風速,因為颱風眼是個充滿下沉空氣的穩定區域,風速非常小。但是,大家都經歷過颱風來襲的天氣狀況,颱風帶來的風是忽大忽小的陣風,到底要用大的還是小的那陣風當標準呢?為了讓量到的風速具有代表性,我們會測量一段時間後再求平均值。目前使用的方式有兩種,一種是測量一分鐘的平均風速,美國的氣象單位就是採用這種方式。另一種則是 10 分鐘的平均風速,這是世界氣象組織所建議的,也是臺灣目前使用的方式。有了平均風速後,就可以依照右頁的分級表去區分颱風強度。

由於颱風強度是依照近中心平均風速來區分的,所以颱風強度和雨量、暴風圈大小或颱風移動的速度並沒有直接相關,換句話說,並不是強烈颱風就一定會發生嚴重的災情,輕度颱風就一定不會有事。對臺灣來

圖片來源：NASA、中央氣象局

說，颱風災情多半和降雨量有關，這是因為臺灣所處的地理位置地震頻繁，許多地方的地層結構比較鬆軟，只要碰到暴雨就很容易發生土石流。因為地形陡峭，臺灣的河川又短又急、一般城鎮裡的排水溝又常常沒有好好規劃，所以只要午後雷陣雨的雨量大一些，馬路上就會積水，更何況是碰到颱風！

下雨這件事，其實是非常複雜的，除了颱風本身帶來的降雨以外，颱風的環流還會和周圍環境的氣流互相影響，例如有些颱風會引進西南氣流，有些秋颱則是會加強東北季風。這些氣流碰到臺灣的山脈還可能產生複雜的交互作用，讓雨帶停留。這些因素都會影響雨勢、雨量及下雨持續的時間。例如 2013 年的康瑞颱風是輕度颱風，由臺灣東北部路過，但是它引進的西南氣流卻讓雲林、嘉義、臺南下起大雨造成嚴重的淹水，

中央氣象局的 颱風強度分級表

颱風分級	近中心最大風速 （km/h）	相當風級
輕度颱風	62～117	8～11 級
中度颱風	118～183	12～15 級
強烈颱風	184 以上	16 級以上

再加上宣布停班停課的時間太晚，讓許多人抱怨連連。

不可不提的是 2009 年的莫拉克，它是中度颱風，結構也有點鬆散，但是由於和大環境的氣流產生交互作用，引進了水氣充沛的西南氣流，再經由南部地形抬升，引起山區的豪大雨，南部在兩、三天內的累積雨量就相當於一整年的雨量，造成臺灣 50 年來最嚴重的水患。

觀測颱風的方式

地球偵探研究颱風的方式有很多種，由於颱風大部分時候都在廣大的海面上，早期主要依靠飛機觀測，目前最主要的研究方式則是透過衛星觀測，經過長期的經驗累積，發展出一套用衛星雲圖判定颱風強度的方法，以發明者的姓氏命名為「德佛札克法」。

颱風路徑及強度的預報則是用電腦程式計算，氣象預報都會參考許

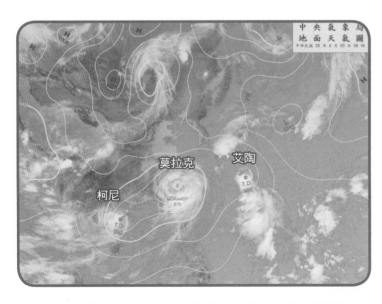

2009 年的莫拉克颱風，在它左邊（西邊）有個柯尼颱風，右邊（東邊）則有個艾陶颱風。這三個颱風被包含在一個範圍廣大的季風環流圈中。

多不同電腦程式的預報結果來做綜合研判，通常當大環境氣流明顯時，颱風的路徑預報就會比較一致。但也有時候會出現路線相差上千公里的預報，例如 2010 年的梅姬颱風在通過菲律賓後的路徑，不同的預報程式計算出來的結果大相逕庭，最東邊的路徑會經過臺灣東方海面，最西邊的路徑會登陸海南島，兩條路徑相差足足有 1500 公里之遠（見右圖）。

會有這麼大的差別，除了不同電腦程式之間的小差異可能會在多次計算後慢慢被放大外，科學家對於颱風周圍的環境條件也不夠瞭解。有鑑於此，臺灣大學大氣科學系的地球偵探們，從十幾年前就展開了「侵臺颱風

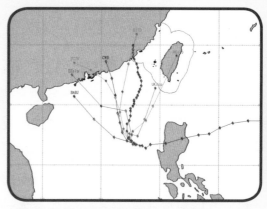

2010 年梅姬颱風來襲時，各國用自己的預報程式，算出來的路徑大相逕庭。下圖為梅姬颱風的實際路徑。

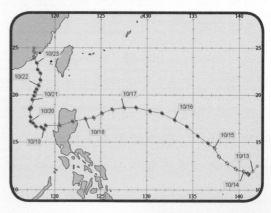

資料來源：氣象局預報中心

各國的颱風分級

世界各國的颱風強度及名稱對照是不一樣的，右表是我們在新聞中常聽到的名稱。以 2013 年的康芮颱風為例，它的近中心風速大約是每小時 90～105 公里，依照中央氣象局的分類屬於輕度颱風，但是若用日本氣象廳的分類，則稱為強烈熱帶風暴，是不是聽起來嚴重多了？但其實兩個名稱代表的強度是一樣的。以後颱風期間你可以拿出這張表來對照，就不會再被記者搞混了。

風速 （Km/h）	蒲福風級 （世界氣象組織使用）	中央氣象局	日本氣象廳	美國國家颱風中心 （大西洋區與東北太平洋區）	美國聯合颱風警報中心 （西北太平洋區）
62～88	8～9	輕度颱風	熱帶風暴	熱帶風暴	熱帶風暴
89～117	10～11		強烈熱帶風暴		
118～153			強颱風	1 級颶風	
154～177	12～15	中度颱風		2 級颶風	
178～183			非常強颱風		颱風
184～209	16			3 級颶風	
210～240	17	強烈颱風	猛烈颱風	4 級颶風	
241～249	> 17				超級颱風
> 250				5 級颶風	

投落送飛翔吧！

每當颱風來襲，追風計畫的偵探們會駕著飛機繞颱風周圍飛行，每隔一段距離就投下一顆「投落送」，投落送的長度只有幾十公分，但裡面可是有不少各式各樣的感測器喔！投落送在落下的過程中會記錄周圍環境的氣壓、濕度及溫度，再把資料傳到飛機的接收器。

2003 年追風計畫團隊在臺灣東部外海進行試飛時，準備將一顆投落送拋下做測試。

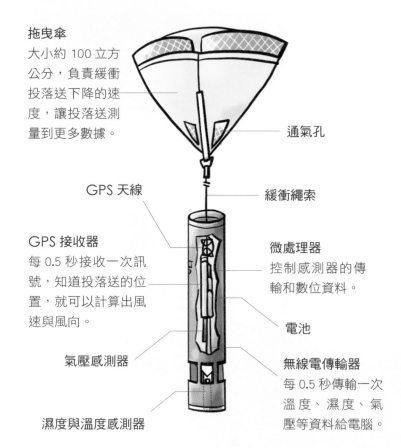

拖曳傘
大小約 100 立方公分，負責緩衝投落送下降的速度，讓投落送測量到更多數據。

通氣孔

GPS 天線

緩衝繩索

GPS 接收器
每 0.5 秒接收一次訊號，知道投落送的位置，就可以計算出風速與風向。

微處理器
控制感測器的傳輸和數位資料。

電池

氣壓感測器

無線電傳輸器
每 0.5 秒傳輸一次溫度、濕度、氣壓等資料給電腦。

濕度與溫度感測器

之飛機偵察及投落送觀測實驗」，也就是「追風計畫」。

追風計畫的偵探們會挑選在 24 至 72 小時內可能會侵襲臺灣的颱風做觀測，飛機會繞颱風周圍飛行，每隔一段距離就投下一顆帶有 GPS 的「投落送」，投落送在落下的過程中會記錄周圍環境的氣壓、濕度及溫度，用無線電把這些資料及投落送的位置（可以換算出風速及風向）傳到飛機的接收器進行處理，再透過衛星電話將資料傳回氣象局。這些觀測到的數據就可以應用到電腦模式中，改善颱風的路徑預報。

除了颱風季要做颱風觀測及預報外，地球偵探也正在努力追查著關於颱風的各種疑點，例如旋生的過程（就是前文提到的大氣痘痘的前身如何出現的）、形成並維持颱風內部結構的方式、颱風眼牆的變化、颱風與大環境氣流的交互作用、颱風與地形的交互作用、颱風的氣候特徵、氣候變遷對颱風的影響等等。這是一件需要融合各方面知識與技術的工作，也充滿挑戰與成就感。 🌀

王嘉琪　文化大學大氣科學系助理教授，資深正妹，熱愛光著腳丫跑步與分享科學知識。

圖片來源：追風計畫／繪圖：張國瑞

炎炎夏日「颱」客到

國中地科教師　侯依伶

關鍵字：1. 颱風　2. 熱帶低壓　3. 水氣　4. 逆時針　5. 科氏力

主題導覽

　　侵襲臺灣的颱風源自於熱帶海洋上的低氣壓，經常在夏、秋兩季來訪。熱帶海洋上的低氣壓系統吸收了足夠的水氣和熱量，就會逐步增強成為夾帶強風豪雨、破壞力驚人的颱風。隨著颱風移動，所經之處居民的生活和經濟活動，會受到不同程度的影響。因此科學家著力於研究颱風結構、並發展各種預測颱風移動路徑的方法，希望能減少每次颱風帶來的災害。

挑戰閱讀王

看完〈炎炎夏日「颱」客到〉後，請你一起來挑戰以下三個題組。

答對就能得到👍，奪得 10 個以上，閱讀王就是你！加油！

◎〈炎炎夏日「颱」客到〉詳細介紹了颱風的形成原因，請回答以下題目，測驗一下自己對颱風的了解程度：

（　）1. 颱風的強度是以颱風結構中哪一個位置的風速來判定的？

（這一題答對可得到 1 個👍哦！）

①颱風眼的最大風速　②颱風眼周圍的最大風速

③颱風外圍環流的最大風速　④颱風整體的平均風速

（　）2. 颱風不容易在南北緯 5 度內的地區生成的主要原因為何？

（這一題答對可得到 2 個👍哦！）

①該區域的氣溫太高，不適合颱風生成

②該區域能提供的水氣量不足，無法成雲致雨

③該區域科氏力太小，不足以讓空氣旋轉

④該區域受到高壓壟罩，空氣不易上升

（　）3. 通常一個颱風的直徑大約是多少？（這一題答對可得到 1 個👍哦！）

①約有幾公里　②約有幾十公里　③約有幾百公里　④約有幾千公里

（　　）4.颱風是從下列哪一種天氣系統逐漸發展而成的？
（這一題答對可得到 1 個 👍 哦！）
①熱帶低壓　②副熱帶高壓　③溫帶低壓　④熱帶高壓

◎下圖是 7 月分的等壓線分布圖，桃紅色線條是赤道的位置，白色彎曲的實線是等
壓線，紅色彎曲的虛線是間熱帶輻合區的位置。請根據下圖回答問題：

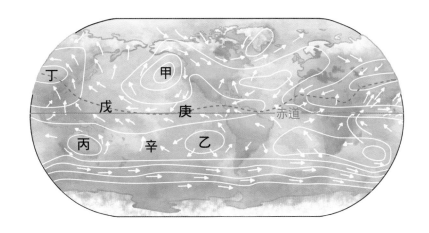

（　　）5.間熱帶輻合區是廣大的低壓帶，而這個低壓帶在 7 月份時位於赤道北方的
位置，其形成原因為下列何者？（這一題答對可得到 1 個 👍 哦！）
①地球並不是正圓形　②此時太陽的直射位置是地球的北半球
③北半球的陸地面積較大　④北半球溫室效應強烈

（　　）6.受到氣壓差異以及科氏力的影響，北半球的高氣壓系統附近的風向會以順
時鐘方向向外流出，低氣壓系統附近的風向會以逆時鐘方向向內流入；南
半球的高氣壓系統附近的風向則會以逆時鐘方向外流出，低氣壓系統附近
的風向則是順時鐘方向向內流入。據此，可以判斷上圖中甲～丁四個天氣
系統，哪些屬於高氣壓？（這一題為多選題，答對可得到 2 個 👍 哦！）
①甲　②乙　③丙　④丁

（　　）7.侵襲臺灣的颱風多發源自赤道西太平洋的暖池上，此暖池是指上圖中的哪
一個區域？（這一題答對可得到 1 個 👍 哦！）
①甲　②戊　③庚　④辛

◎狹義的「西北颱」是指發源在臺灣東方海面、向西行、颱風中心穿過基隆和彭佳嶼之間海域，不登陸且引進西北風的颱風。廣義的西北颱泛指颱風中心從北臺灣沿海經過，但沒有登陸、引進西北風造成災害的颱風。西北颱行進的路徑，較不會受到中央山脈的阻擋而被破壞，因此風勢往往有相當的強度，可能造成較為嚴重的風災。此外，西北颱會為北臺灣挾帶極大的降雨量，會因強烈西北風，容易導致海水倒灌，淡水河口不易宣洩，以致北臺灣容易淹水。

（　）8.根據上文，「西北颱」的移動路徑較接近下列何者？

（這一題答對可得到 1 個 👍 哦！）

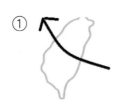   

（　）9.由於「西北颱」的颱風中心移動到臺灣北方時，會為北臺灣帶來強烈的西北風，因此可以判定「西北颱」在臺灣附近的空氣流動方向為何？

（這一題答對可得到 1 個 👍 哦！）

①以順時鐘方向旋轉　②以逆時鐘方向旋轉

延伸思考

1.颱風侵襲臺灣的路徑大概可以分為 10 種，請你先上網查一查有哪 10 種，並推測不同的移動路徑會對臺灣各區域帶來哪些不同的影響？

2.颱風幾乎是每年固定拜訪臺灣的天然災害。近年來，莫蘭蒂颱風、莫拉克颱風、敏督利颱風等都對臺灣造成嚴重的創傷，請你上網查詢一下有關這些颱風的資料，整理比較後，跟同學、家人分享。

3.臺灣並不是世界上唯一受到颱風影響的國家，想一想，那些國家跟臺灣一樣會有颱風經過？這些國家的地理位置特徵和臺灣有何相似之處？

看天氣圖說故事

天氣圖的繪製，可說是天氣觀測最關鍵的一步了！在空白的天氣圖上，畫出具參考價值又實用的天氣圖，讓分析員能做後續的分析和預報，可不是一件容易的事呢！

撰文／王嘉琪

最近有沒有鋒面會來？這幾天天氣穩定嗎？掌握氣象，能讓我們的生活更便利，因此每天在世界各地，都有氣象站及辛苦的氣象人員，按部就班的做氣象觀測。

然而，該怎麼樣使用這些資料呢？這些資料最重要的用途之一，就是畫成天氣圖，讓預報員依據天氣圖來分析及預報天氣。

天氣圖怎麼來？

世界各地的氣象站做完觀測後，會把這些觀測結果編成密密麻麻的電碼傳送到該國的氣象局，除此之外，有些遠洋漁船及飛機也會在航程中順便做氣象觀測，並將這些資料彙整到氣象局，各國的氣象單位再互相交換資料。為了方便國與國之間交換資料，全世界的氣象觀測都必須依照世界氣象組織的規定進行，所以大家都是在格林威治標準時間0點（臺灣時間上午8點）開始進行，每隔三小時做一次，這樣才能得到同一個時刻全球的大氣觀測資料。

為什麼一定要大家同時觀測呢？這是因為影響我們日常生活的天氣系統會不斷移動位置，而且有的天氣系統範圍很大。跟其他國家交換資料，可以讓我們先得知遠方的狀況以及關於這個天氣系統比較完整的資料。

氣象局收到編碼的數據後要先解碼，然後把觀測資料填到空白天氣圖上。相關人員在天氣圖上會預先把測站的位置用圓圈標示出來，圓圈內部塗黑的比例表示的是雲量，觀測數值則會填寫在特定位置，有些會以符號表示，例如雲狀、天氣狀態，風向風速等。

填好所有的測站資料後，預報員會根據各

資料來源：中央氣象局

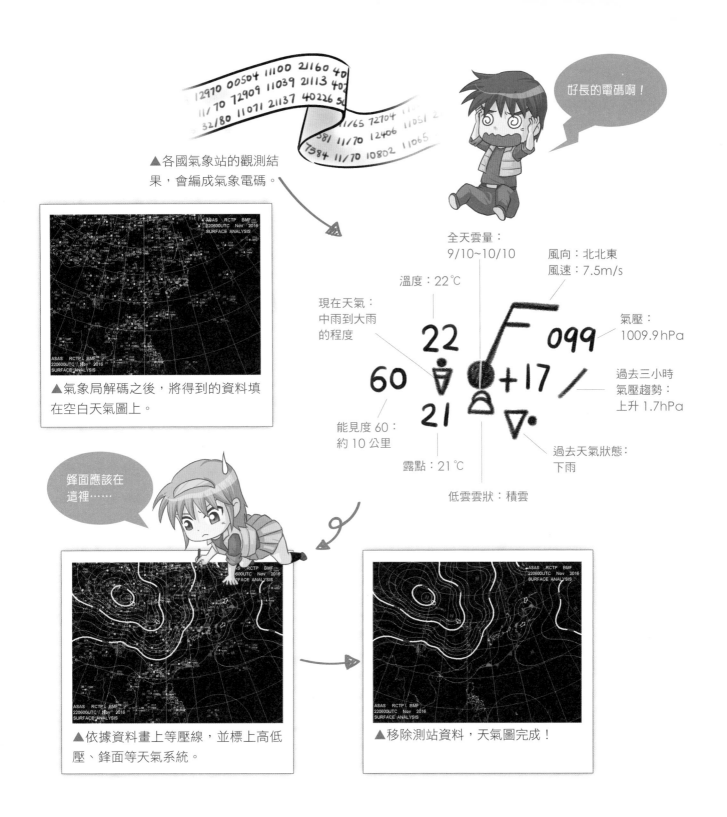

好長的電碼啊！

▲各國氣象站的觀測結果，會編成氣象電碼。

▲氣象局解碼之後，將得到的資料填在空白天氣圖上。

全天雲量：
9/10~10/10

風向：北北東
風速：7.5m/s

溫度：22℃

現在天氣：
中雨到大雨
的程度

22

60 +17

21

099

氣壓：
1009.9 hPa

過去三小時
氣壓趨勢：
上升 1.7hPa

能見度 60：
約 10 公里

過去天氣狀態：
下雨

露點：21℃

低雲雲狀：積雲

鋒面應該在
這裡……

▲依據資料畫上等壓線，並標上高低壓、鋒面等天氣系統。

▲移除測站資料，天氣圖完成！

繪圖：張國瑞、曾建華

地測站的數值畫上等壓線，但是等壓線不見得會剛好通過測站的點，所以預報員要自己評估，找出合理的線條位置，並且把線畫得平順漂亮，若是沒有練過還真的畫不出來。幸好這樣繁複的工作現在可以靠電腦自動處理，預報員只需要留意資料有沒有看起來怪怪的，並做必要的修正就好。

等壓線畫好後，就進入真正專業的步驟，這部分也是目前電腦無法取代的步驟。預報員要找出圖上主要的天氣系統，例如高壓、

低壓、鋒面的位置及種類，還要找出下雨或起霧的區域，如果有颱風，也要標上颱風的位置及移動速度等。在大氣中，高低壓是相對的，並沒有規定高壓一定要高於某個氣壓值，或低壓一定要低於某個氣壓值，而是根據周圍的氣壓大小來決定。

鋒面則是因為冷暖不同性質的氣團互相推擠形成的。在兩個氣團的交界處會形成一段狹長的區域，這個區域的兩側有非常不同的溫、濕度及風向，就稱為鋒面。由於冷空氣較重，會將較輕的暖空氣抬升，所含水分會凝結，造成下雨或下雪的天氣現象，因此鋒面的位置和變化是天氣預報中一個要留意的重點。

預報員會觀察天氣圖上的測站紀錄，看看哪些地方溫度、濕度、風向等有明顯的變化，這些變化大的區域如果呈現帶狀，就有可能是鋒面的位置。測站回報的雲狀及高度等資訊，也可以用來判斷或驗證鋒面的位置及種類。

當等壓線與天氣系統都標註並且確認完成後，預報員會把各別測站的資料移除，好讓版面變得簡潔清晰，我們常見的天氣圖便完成了。

高空的天氣圖

除了地面天氣圖之外，預報員還會需要很多張不同高度的天氣圖，例如氣壓為850、700、500、300、200、100百帕，這六層是一定要繪製的高度。不同高度的繪製重點也不同，例如850百帕因為很接近地面，預報員就會畫上等溫線及等相對濕度線；但是200百帕的天氣圖就會注重在高空的西風噴流，因為很多地面的鋒面及氣旋會跟著西風噴流移動，中間這幾層高度的資訊則可以告訴我們天氣系統發展到多高的位置。

高空天氣圖比較簡單，因為有施放探空氣球的測站少很多，需要填寫的資料不多。同時，高空的大氣比較不會受到地面海陸分布的影響，測量到的數值在同一區域內變化不會太大，但是高空的氣流活動會影響地面這些天氣系統的移動及強弱變化，所以對預報未來的天氣變化很重要。

第一張天氣圖

世界上第一位畫出天氣圖的科學家，是德國的物理學家布蘭德斯，繪製的年份大約在1810年代，由於當時沒

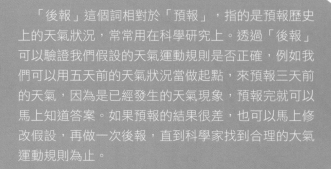

我有問題！

什麼是「後報」？

「後報」這個詞相對於「預報」，指的是預報歷史上的天氣狀況，常常用在科學研究上。透過「後報」可以驗證我們假設的天氣運動規則是否正確，例如我們可以用五天前的天氣狀況當做起點，來預報三天前的天氣，因為是已經發生的天氣現象，預報完就可以馬上知道答案。如果預報的結果很差，也可以馬上修改假設，再做一次後報，直到科學家找到合理的大氣運動規則為止。

Luftdruck-Vertheilung nach Brandes 6. März 1783.

▲ 由德國科學家布蘭德斯所繪的世界上第一張天氣圖，圖上的線條是等壓線，表示相對的壓力變化，箭頭則是風向。另外，圖上的幾個小圈圈，則代表提供資料的氣象站位置。

WEATHER CHART, MARCH 31, 1875.

▲ 高爾頓首次正式發表的天氣圖，刊登於1875年4月1日的《泰晤士報》。圖上標示了許多天氣資訊，有風向、氣溫，及天氣狀況簡述。

有電報機，他無法繪出即時的天氣圖，而是請歐洲各地的氣象站把觀測資料用郵寄的方式給他，所以他畫的是 1783 年 3 月的天氣狀況，據說他「後報」了往後每一天的天氣，可惜當時的天氣圖都沒有留存下來。

因為收集資料的過程太過緩慢，這樣的天氣圖當然是沒有預報功能的。一直到大約 1850 年，一位英國海軍中將費茲羅（他也是位科學家，最有名的事蹟是擔任達爾文的小獵犬號船長）從海軍退役後，轉任英國貿易局的氣象統計學家，開始試著在一些軍艦上裝置氣象儀器來收集資料，並把這些資料繪製成海象圖。他隨後發現天氣的好壞與氣壓變化有很大的關係，所以也著手設計了好

幾款氣壓計，並把氣壓計裝在港口，提供氣壓變化的資料給船隻參考。

到了 1859 年，由於一起嚴重的船難，讓費茲羅興起了做天氣預報的想法，為此他先建立了大約 15 個氣象站，並設定好固定的觀測時間，再利用電報機把資料傳回來，終於在 1861 年，第一次的天氣預報誕生了，當時《泰晤士報》也報導了這件事。

此時，一名英國氣象學家高爾頓看到了報導，他覺得如果能收集更多資料，並把這些資料畫在地圖上，應該會對分析天氣狀況及預報更有幫助。所以他開始著手收集全歐洲的氣象資料，並建立起國際間一致的氣象觀測項目及時間。最後在 1861 年年底，他以

▲ 1896 年 7 月 31 日
中央氣象局保留最早的一張天氣圖，這張圖只畫了日本附近的區域。

▲ 1897 年 1 月 1 日
首次出現臺灣測站記錄的天氣圖，包含淡水及臺北站的資料。

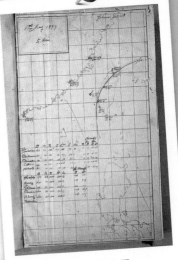

▲ 1897 年 5 月 1 日
當時已有五個測候所及淡水、打狗（高雄）二個港口的資料，還有簡單的等壓線。

自創的符號畫出了第一張具有預報功能的天氣圖。

1875 年 4 月 1 日在《泰晤士報》上首次刊出了一張天氣圖，這張圖是前一天的天氣狀況，圖上已經標示了許多天氣資訊，有風向、氣溫，以及天氣狀況簡述。我們現在使用的天氣圖，就是根據高爾頓的想法，慢慢改進而來的。

臺灣的天氣圖

至於臺灣的第一張天氣圖，中央氣象局保留最早的一張，來自 1896 年 7 月 31 日，但是那張圖只畫了日本附近的區域。日本政府是在 1896 年 7 月 12 日那天，決定在臺灣建立五所測候所（臺北、臺中、臺南、恆春及澎湖），在這之前，臺灣只有基隆、淡水、安平、打狗（高雄）四個港口及澎湖、鵝鑾鼻燈塔有簡單的氣象觀測紀錄，可惜這些資料多半在清朝割讓臺灣時遺失。臺北測候所在 1896 年 8 月 10 日成立，所以第一張圖應該不是在臺灣繪製的。

首次出現臺灣測站紀錄的是 1897 年 1 月 1 日的天氣圖，當時已經有淡水及臺北站的資料，到了 1897 年 5 月 1 日的天氣圖，則有五個測候所及淡水、打狗（高雄）兩個港口的資料，還有簡單的等壓線。

現在我們了解了天氣圖的歷史和繪製方法，下次打開電視看氣象預報時，也許你也可以試著預測天氣囉！ 科

作 者 簡 介

王嘉琪　文化大學大氣科學系副教授，資深正妹，熱愛光著腳丫跑步與分享科學知識。

圖片來源：中央氣象局

看天氣圖說故事

國中地科教師　侯依伶

關鍵字：1. 天氣圖　2. 氣象觀測　3. 等壓線　4. 天氣系統　5. 預報

主題導覽

　　科學家蒐集各項儀器定時記錄的氣壓、溫度、風向、風速等資料，可以繪製成天氣圖，用來幫助科學家預測未來的天氣。由於地面的天氣也會受到高空天氣變化的影響，所以科學家繪製的天氣圖可以分為地面天氣圖和高空天氣圖，地面天氣圖記錄較多種天氣的訊息，高空天氣圖記錄的資料則較簡單。而世界上第一位畫出天氣圖的人是德國物理學家布蘭德斯。

挑戰閱讀王

看完〈看天氣圖說故事〉後，請你一起來挑戰以下三個題組。

答對就能得到👍，奪得 10 個以上，閱讀王就是你！加油！

◎天氣圖上每一個測站測量到的氣溫、風速、氣壓等資料，會以不同的位置和圖示記錄在測站上。請你根據下圖提供的訊息，回答下列問題：

（　　）1. 從下圖的測站紀錄中，我們可以推論下列哪一項天氣資訊？（這一題答對可得到 2 個👍哦！）

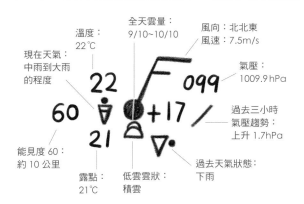

①此時也會測到很高的紫外線數值
②天空被雲朵覆蓋的面積很少
③此地的降雨已經持續一段時間
④未來三小時的氣壓會持續上升

（　　）2. 已知測站紀錄中的圓圈代表測站當地雲量：〇表示全天無雲，●表示雲量約佔全天的一半；測站紀錄中圓圈上的長線代表測站的風向：🖋代表測站當地吹北風，●—代表測站當地吹東風；長線上的線段代表測站的風速：一條短線段代表風速每秒 2.5 公尺，一條長線段代表風速每秒 5 公尺，故 🖋 代表風速每秒 7.5 公尺。根據上述的資料，若測站記錄的全天雲量為四分之一，西南風，風速 22.5m/s；應該如何標示？

（這一題答對可得到 2 個 👍 哦！）

①🔑 ②🗝 ③⚷ ④◐

（ ）3.由於「氣壓」是指單位面積上空氣柱的重量，因此愈往高空，氣壓值愈低。
另外，氣溫和水氣含量也是影響氣壓的重要因素：空氣的氣溫愈高、水氣
含量愈多，氣壓值就愈低。試判斷地面測站在下列哪一種天氣條件下，可
能會測量到較高的氣壓值？（這一題答對可得到 1 個 👍 哦！）

①寒冷潮濕　②炎熱乾燥　③寒冷乾燥　④高溫潮濕

◎已知地面天氣圖上彎曲的線條為等壓線，而等壓線是將相同氣壓的點連接而成的，
線上的數字代表氣壓值。地面天氣圖上 ▼▼▼是冷鋒的符號、▼⬤▼是滯留
鋒的符號，這些鋒面符號的
兩側是具有不同空氣性質的
氣團，冷、暖性質不同的空
氣相遇時，會導致成雲致雨
的天氣變化。氣象人員可以
從地面天氣圖中推論出許多
重要的氣象資訊。請你根據

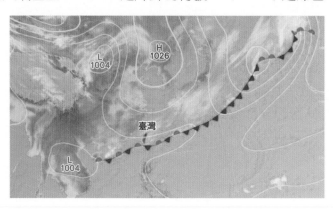

上圖回答下列問題：

（ ）4.地面天氣圖中的「1004」、「1026」等數字代表氣壓數值，下列何者是
其單位？（這一題答對可得到 1 個 👍 哦！）

①公斤　②百帕　③平方公分　④牛頓

（ ）5.從地面天氣圖上，可以推論臺灣地區目前的天氣狀況為何？

（這一題答對可得到 2 個 👍 哦！）

①受到冷氣團影響，天氣寒冷多雨

②受到熱帶低壓逐漸形成颱風的影響，降雨機率高

③滯留鋒徘徊，容易有強降雨發生

④太平洋高壓壟罩，空氣易發生下沉

（ ）6.受到地球自轉的影響，北半球高氣壓中心的空氣都會以順時鐘方向向外流

圖片來源：中央氣象局

出，低氣壓附近的空氣則會以逆時鐘方向向內流入。據此可以推論此時臺

灣北方的風向較接近向何者？（這一題答對可得到 2 個 👍 哦！）

◎噴射氣流是集中在地球上空對流層頂附近，強而窄的高速氣流帶，水平方向可以

綿延達上萬公里，寬數百公里，厚數公里。中心風速有時可達每小時 200 至 300

公里的偏西風。在地球的中高緯度的西風帶內或低緯度地區的高空皆有出現。夏

天時，地球的西風帶通常在北緯 30 ～ 60 度間。冬天時，因極地冷氣團漸漸向南

擴張，使西風帶亦漸漸南下至北緯 20 度左右。每當冬天時，極地對流層頂與熱

帶對流層頂間，氣壓和氣溫差異更大，更加強西風帶的風速，會形成一股強勁而

狹窄之高空氣流（60 ～ 200 海浬／時）。根據上述短文，請你試著回答下列問題：

（　　）7.噴射氣流的「噴射」二字源自於下列哪一項因素？

　　　　　（這一題答對可得到 1 個 👍 哦！）

　　　　　①空氣流動速度很快

　　　　　②氣流的位置是噴射機的飛行高度

　　　　　③氣流流動的方向與噴射機的飛行方向相同

　　　　　④噴射機會藉著這股氣流起飛和降落

（　　）8.根據上文，噴射氣流的方向可以用下列何張圖來表示？

　　　　　（這一題答對可得到 1 個 👍 哦！）

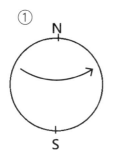 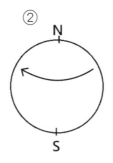 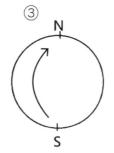 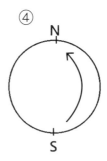

延伸思考

1. 下圖一和圖二分別是臺灣地區冬季及夏季典型的天氣圖，請你比較這兩張圖的特徵，指出其相同點與相異點：

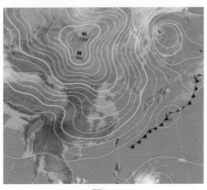
圖一

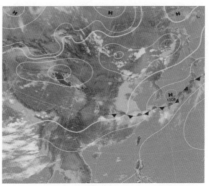
圖二

2. 不同季節的地面天氣圖，具有不同的天氣系統與特徵，上網查詢找一找，臺灣地區春、夏、秋、冬不同季節的地面天氣圖，各有哪些重要的天氣系統？

3. 中央氣象局網站提供 925 百帕、850 百帕、700 百帕、500 百帕、300 百帕以及 200 百帕等不同等壓面的高空天氣圖，比較看看同一個區域、同一時間，不同高度的天氣圖，有哪些差異呢？參考網址：https://bit.ly/2E6hQPx

圖片來源：中央氣象局

空氣監測自己來

看得到的汙染可以閃躲，但其實空氣中有很多肉眼看不到的懸浮微粒飄散在你周圍，有什麼辦法可以監測空氣品質呢？

撰文／簡志祥

繪圖：HOM 的遊樂園

談到空氣汙染，大家第一個想到的就是臭味和煙霧吧！其實灰塵也是一種空氣汙染喔！老師寫黑板或同學擦黑板的時候，講臺前方會落下很多粉筆灰，而最容易看到一大群灰塵到處飛的時候，應該就是掃地時間吧！負責打板擦的值日生捨棄板擦機不用，總是拿根木棍在走廊上打板擦，或是在走廊上找個牆壁就開始對牆壁拍打板擦。原本應該是讓環境更乾淨的掃地時間，每每變成空氣汙染最嚴重的時間。

但你有沒有想過，那些飛來飛去的灰塵可能進到你的肺裡？然後再到你的血液循環系統裡頭，跟著血球到處流動呢？這樣你是不是就變成了活生生的粉筆灰人了？

看不見的灰塵

我想應該沒有同學聯想到這種無聊的念頭，不過，那些灰塵到底有沒有可能進到身體裡面呢？

回答這個問題之前，先考考你什麼是PM？等等，你可別以為這是下午的意思啊！「PM」指的是懸浮微粒，英文叫做

particulate matter，縮寫就叫做 PM。
懸浮微粒是指那些漂在空氣中浮游的固體物
質。請你在掃地時間蹲在同學的掃把旁邊，
仔細看那些被掃把揚起的輕飄飄灰塵，那些
就是懸浮微粒。

到了打鐘上課後，你會發現這些輕飄飄的
懸浮微粒慢慢減少了，它們去哪了？其實是
落在地面了。小學六年級的自然課裡使用的
「落塵檢測器」，就是在看那些落下來的懸
浮微粒，不過因為是使用放大鏡看，所以看
不見那些更微小的落塵。

懸浮微粒的尺寸有大有小，愈大愈容易落
下，而愈小的就愈容易飄浮。懸浮微粒的來
源很廣泛，從灰塵、不完全燃燒的物質，或
是花粉都有可能，另外工業汙染、工業的研
磨或粉碎操作過程也都會產生懸浮微粒。

比血球小的 PM2.5

科學家根據懸浮微粒的尺寸，幫它們取
了不同的名字，一般所指的懸浮微粒是直
徑 10 微米（μm）以下的粒子，又叫做
PM10。而尺寸更小的則是細懸浮微粒，直

徑在 2.5 微米以下，所以又叫做 PM2.5。
PM2.5 是令人擔心的小東西，因為它太小
了，甚至比紅血球還小（紅血球直徑是 7.6
微米）。請拔一根你的頭髮，2.5 微米大約
是頭髮直徑的 1/28，尺寸小到可以穿透肺
泡，直接進入你的血管中，然後跟著血液循
環全身。這些細懸浮微粒有些可能會沉積在
你的肺部支氣管或是肺泡，造成慢性支氣管
炎、肺水腫等症狀。

　　打掃或是擦黑板時會揚起許多懸浮微粒，
但那些產生的懸浮微粒比 PM 2.5 大得多，
許多都是大於 10 微米。早在你吸進肺部之
前，就卡在你鼻毛和鼻水，變成鼻屎的一部
分了。而你所擔心的 PM 2.5，來源包括了

工業或車輛排放的廢氣或是燃燒石化燃料
後的產物，甚至火山爆發。

空氣品質監測網

　　環保署在全臺各地都架設了空氣品質測
站，隨時監測 PM10 和 PM2.5 的濃度。
你可以從「空氣品質監測網」的網站中
（https://airtw.epa.gov.tw）看到你家
附近現在的空氣品質狀況。

　　除了即時資料以外，你也可以透過測站
的歷史資料做一些有意思的研究，像是懸
浮微粒的濃度變化和時間有沒有關係？白
天和晚上什麼時候汙染比較嚴重？懸浮微
粒濃度和天氣變化有沒有關係？甚至可以

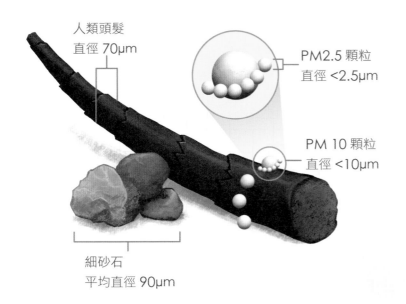

人類頭髮
直徑 70μm

PM2.5 顆粒
直徑 <2.5μm

PM 10 顆粒
直徑 <10μm

細砂石
平均直徑 90μm

掃描式電子顯微鏡下排列整齊的
松葉氣孔（染成紅色的部位）。

看看特定節日的懸浮微粒和細懸浮微粒資料，比方說中秋節，許多人都喜歡在住家附近烤肉，你可以看看歷史資料中，那幾天 PM10、PM2.5 和一氧化碳濃度是不是有顯著改變？如果有，會是什麼原因造成？

如果你知道答案了，那麼你有沒有辦法用自己或家庭的力量去減少 PM10 和 PM2.5 的濃度？

從松葉看空汙

除了靠環保署的測站資料外，你也可以自己做空氣汙染檢測喔！像是你在小學時用膠帶蒐集落塵的活動，就可以讓你比較不同地點的落塵量。除了這個方式以外，我還要告訴你一個用生物來做汙染檢測的活動——只要找到松樹就可以！

松樹的氣孔長得很特別，是個下陷的洞，很容易卡住汙染物，而且松樹的葉子上有好幾排的氣孔排列成線，排得相當整齊呢！當然這用肉眼看不到，即使用上放大鏡也看不到，得用上顯微鏡才行。由於氣孔的這些特徵，松樹成了一種很適合用來研究當地空氣汙染的植物喔！請找一棵在馬路邊的松樹，還有一棵離馬路比較遠的松樹來做研究看看。用美工刀或是刀片把松葉切一小段下來，再把松葉從中間縱切一片下來，放在載玻片上，不用滴水，也不用蓋玻片，就這麼放上複式顯微鏡的載物臺上。

這時候你可能會迫不及待的想從顯微鏡的目鏡看看發生什麼事情，不過稍等一下，你必須再找一個光源，像是 LED 手電筒或是檯燈，從載物臺的斜上方打光，讓光線能夠直接照射到松葉的表面。

因為我們要觀察的是松葉表面的氣孔，但是我們沒有把葉子表皮撕下來，所以是把一片厚厚的葉子放上載物臺；如果從下而上照射光源，我們看到的就會是一片漆黑，因此要另外找光源直接照射氣孔表面，這樣才能清楚看到氣孔的狀況。

生長在大馬路兩旁的松樹，它的葉子常常會被汙染物堵著氣孔，而離馬路比較遠的地方，就不容易看到被堵住的氣孔了。這樣的

繪圖：曾建華、HOM 的遊樂園／圖片來源：達志影像

自製顯微鏡

沒有顯微鏡嗎？你只要有一隻雷射筆，就可以做一個簡單的手機顯微鏡喔！把雷射筆拆開來，可以從裡面找到一個小透鏡。只要用一小塊黏土，把這個透鏡黏在智慧型手機的鏡頭外面，手機就可以變成顯微鏡，讓你看到松葉的氣孔是不是堵住喔！

❶ 將小透鏡用黏土，黏在智慧型手機的鏡頭上。

黏土

小透鏡

❷ 將松葉切成一小段，放在鏡頭下觀看。

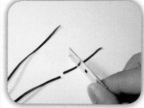

❸ 看到了什麼？有幾個氣孔裡有黑色顆粒？

有黑色顆粒

觀測研究其實可以更深入，計算出氣孔堵住的比率，進行「定量」的研究。

先觀察靠近馬路的松樹葉子，把視野中的氣孔數量都算出來，把這數字當做 A（假設算出 100 個氣孔），再計算被塞住的氣孔有多少個，無論是全塞住或塞住一半，通通算進去——這數字當做 B（假設塞住了 10 個）。接下來把 B 除以 A，再乘上 100，就能夠得到這個視野下氣孔的阻塞率。接著看四個不同視野下的氣孔，重複上面的步驟，你可以得到另外四個阻塞率，最後連同第一個數字加在一起算平均，那麼你就會得到馬路旁的松樹氣孔平均阻塞率。

接下來當然就是針對離馬路比較遠的松樹做一樣的研究囉！把兩區域的氣孔平均阻塞率放在一起相比，你應該就會發現靠近馬路的松樹，氣孔比較容易被汙染物阻塞。如果能蒐集更多地區的松樹葉子，結合地圖資料，就能做更廣泛的在地空汙研究了！ ㊙

作者簡介

簡志祥　新竹市光華國中生物老師，以「阿簡生物筆記」部落格聞名，對什麼都很有興趣，除了生物，也熱中於 DIY 或改造電子產品。

攝影：簡志祥

空氣監測自己來

國中地科教師　侯依伶

關鍵字：1. 空氣汙染　2.PM2.5　3. 懸浮微粒　4. 空氣品質監測　5. 氣孔

主題導覽

　　環保署公布的空氣品質指標值（AQI）是依據當日空氣中的臭氧、一氧化碳、二氧化硫、二氧化氮以及、懸浮微粒（PM10）、細懸浮微粒（PM2.5）的濃度數值而決定的。其中懸浮微粒與細懸浮微粒是空氣中飄浮的固態物質，不僅會隨著呼吸作用進入人類的呼吸道，也有機會進入血管中，隨著血液運送至全身，可能造成慢性支氣管炎，危害我們的健康。

挑戰閱讀王

看完〈空氣監測自己來〉後，請你一起來挑戰以下三個題組。

答對就能得到👍，奪得 10 個以上，閱讀王就是你！加油！

◎懸浮微粒（particulate matter，簡稱 PM）泛指懸浮在空氣中的固體顆粒或液滴，顆粒十分微小，有些甚至無法用肉眼辨識。

（　）1. 我們常說的「PM2.5」是指下列哪一種顆粒大小的懸浮微粒？

（這一題答對可得到 1 個👍哦！）

①懸浮微粒的顆粒直徑大於 2.5mm　②懸浮微粒的顆粒直徑小於 2.5mm

③懸浮微粒的顆粒直徑大於 2.5微米　④懸浮微粒的顆粒直徑小於 2.5微米

（　）2. 空氣中的 PM2.5 主要有哪些來源？

（這一題為多選題，答對可得到 2 個👍哦！）

①工業或車輛排放的廢氣　②燃燒石化燃料後的產物

③火山爆發的火山灰　④植物進行光合作用的產物

（　）3. 空氣中的 PM2.5 會對身體產生哪些影響？

（這一題為多選題，答對可得到 2 個👍哦！）

①會卡在鼻毛和鼻水之間　②會跟著血液循環全身

③沉積在肺部支氣管　④造成慢性支氣管

◎環保署公布的細懸浮微粒指標由 1～10 分為 10 個等級，某日的細懸浮微粒指標
預報如右圖所示，請回答下列相關問題：

（　　）4.根據預報內容，該日臺灣地區細懸浮微粒含量少的地區位在何處？

（這一題答對可得到 1 個 👍 哦！）

①馬祖　②北部　③花東　④雲嘉南

（　　）5.根據你對臺灣四季天氣的了解，這種細
懸浮微粒的分布情形，最有可能發生在
下列哪一個月份？

（這一題答對可得到 1 個 👍 哦！）

①颱風肆虐的 8 月

②盛行東北季風的 1 月

③清明時節雨紛紛的 4 月

④梅雨連綿的 6 月。

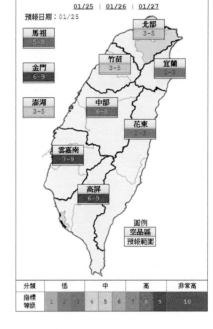

（　　）6.下列哪一種天氣變化最有可能讓臺灣各
地的 PM2.5 指標數值降低？

（這一題答對可得到 1 個 👍 哦！）

①風速減弱　②突然降雨　③氣溫下降　④氣壓增高。

◎中國北方內蒙及蒙古廣大地區由於氣候乾燥，加上亂墾亂植，導致沙漠化相當嚴
重，已漫延到北京以北不遠處。若大氣的狀況配合，就會引發沙塵暴，影響周圍
區域。沙塵暴發生前，大氣往往會有連續幾天維持高溫的狀態，使得地面空氣有
較強的上升氣流，此時若有冷鋒過境，加速地面擾動，捲起地面沙塵，形成沙塵
團，配合空氣上升運動將地面沙塵帶入高空，使能見度變得愈來愈小，就會發生
沙塵暴現象。因此，沙塵暴容易出現在冷暖空氣接觸頻繁的冬末及春季，又以 2
月到 4 月發生頻率較高。依當時吹起的是塵、沙或沙塵，分別命名為塵暴、沙暴
或沙塵暴。沙子顆粒較大，很容易下沉，一般不會吹得很遠，塵暴進入空氣後，
較會隨風飄揚，在空中停留較久的時間，影響所經之處的空氣品質。請根據上文
回答下列問題：

圖片來源：環保署空氣品質監測網

（　　）7.關於沙塵暴的敘述，請問下列何者是正確的？

（這一題為多選題，答對可得到 2 個👍哦！）

①能飄到臺灣的沙塵應該都是顆粒及細小的塵埃

②發生前會先有上升氣流捲起沙塵

③發生時會影響能見度和空氣品質

④配合強風發生可以輸送到更遠的地方

（　　）8.在下列哪一種狀況下，中國北方發生的沙塵暴可能會影響臺灣？

（這一題答對可得到 1 個👍哦！）

①東北季風強勁的時候　　②滯留鋒面徘徊臺灣時

③西伯利亞中心氣壓下降時　④中國北方出現暴雨

（　　）9.下列哪一種方法可以減緩中國北方沙塵暴的發生？

（這一題答對可得到 1 個👍哦！）

①加速經濟開發、都市發展　②將大量人口遷往該處

③開挖運河增加水源　④復育植物，做好水土保持

延伸思考

1. 環保署的空氣品質監測網提供臺灣各地即時的空氣品質資料，你可以上網查詢今日的空氣品質，也一併了解除了懸浮微粒之外，影響空氣品質指標的氣體還有哪些？參考網址 https://airtw.epa.gov.tw

2. 〈空氣監測自己來〉中以「松葉」來檢測空氣品質，想想看，除了松樹的針葉，在日常生活中，我們還可以用什麼方式了解空氣中懸浮微粒的含量？

3. 在教室裡不同的位置和不同高度，設置紙盤或紙杯收集教室中的落塵。兩星期之後，將紙盤重新秤重，比較看看是不是每個位置的落塵量都一樣呢？想想看是什麼原因影響了教室內不同位置的落塵量？

大海上的高速公路

洋流

大海中有許多神祕的水流，不僅可以帶動海面上的船隻，
讓它們跑得更快，還左右了各地氣候和生態，
影響我們每一天的生活。

撰文／周漢強

繪圖：張國瑞、曾建華

無垠無盡的大海，一直是人類好奇與探險的重要目標。在 15～17 世紀的大航海時代，人們駕著帆船、追著風，跨越每一個大洋，尋找未知的寶藏和新大陸。風是所有船隻航行最重要的動力，但是有經驗的船長會知道，大洋上還有一股神祕的水流可以帶動船隻更快速的前進，那就是「洋流」。

洋流捎來瓶中信

最早被注意到的洋流，是位在北大西洋、從墨西哥灣往北流動的「灣流」。從 16 世紀開始，當地的水手都知道要利用這股海面上的強勁水流，載著船隻加速從墨西哥灣沿著北美東岸往北前進。當時有一位鼎鼎有名的地球偵探富蘭克林，根據北大西洋海水溫度的觀測結果，推論出灣流是來自赤道地區的一股水流，並在地圖上準確的描繪出灣流流經的地區。

於是許多地球偵探接著根據船長們的經驗，陸續把大西洋、印度洋和太平洋表面持續不斷的水流都描繪到地圖上。到了 19 世紀，美國海軍有一位圖資部長莫瑞，他進一步把每一艘美國軍艦在航行時所記錄下來的船艦位置、風向和海流速度與方向全部整理出來，完成當時全世界最完整的洋流分布圖。那時候大家才驚訝的發現，原來海面上源源不絕的海水竟然是不分日夜的在往特定方向前進，這也掀起了許多地球偵探繼續追查洋流與地球運轉的關聯性，甚至探討洋流造成氣候或生態改變相關案件的風潮，讓洋流成為地球偵探界的熱門話題。

不過早期的地球偵探為了調查洋流的出沒

富蘭克林在 1769 年所描繪出的灣流分布位置。

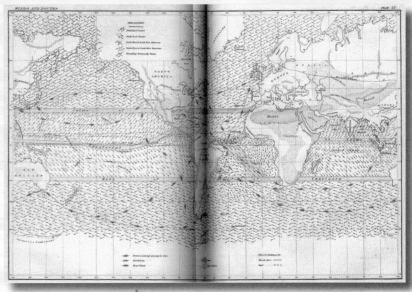

莫瑞在 19 世紀繪製的全世界洋流分布圖。

地點、流動方向和速度等等，可以說是吃盡苦頭，因為海洋實在太大了，要迅速又大範圍的觀察洋流，根本就是不可能的任務。於是地球偵探們靠著眾志成城的毅力，從世界各地的海邊，向大海拋出一個又一個玻璃瓶，在玻璃瓶裡留下寫好住址的明信片，希望撿到玻璃瓶的陌生人，願意把撿拾地點寫在明信片上，寄回給地球偵探，讓地球偵探推算玻璃瓶花費了多久的時間，被洋流帶到大海的哪一個角落。

2015 年 4 月，有對德國夫婦在海邊撿到一百多年前某位地球偵探從英國海邊拋下的「瓶中信」。這對夫婦依照明信片上的指示，寫下撿到玻璃瓶的地點和時間，寄回給英國這位地球偵探，只可惜他早在六十多年前就過世了。收到明信片的英國海洋生物學會非常開心，並且依照明信片上的承諾，寄出一先令（其實英國現在已經沒有使用這種老錢幣）給這對夫婦當做回報。這個玻璃瓶是在一百多年前為了研究北海深處的水流方向而拋下的，當時大部分的瓶子都在幾個月內就被漁民給撈到，沒想到有一個玻璃瓶會相隔這麼久才被撿到。

到了今天，地球偵探的配備當然已經不可同日而語了。像是從 1970 年代開始進行的阿爾戈斯衛星計畫（ARGOS），就把配備有 GPS 追蹤器的「新式瓶中信」丟進大海，這些稱為「流浪者」的追蹤器會記錄自己的位置變化，並測量海水溫度、鹽度，再利用人造衛星把這些資料傳送到研究室的電腦裡。有些人造衛星還可以迅速觀察到全世界的海面高度與風浪的大小和方向，用來推測洋流的流動方向和速度，像是美國 NASA 的波士頓衛星計畫（TOPEX/Poseidon）。美國國家海洋暨大氣總署的奧斯卡計畫（OSCAR），更把過去二十幾年利用人造衛星觀察到的海面資料加以整合，將最接近真實的洋流資訊完整的呈現在

圖片來源：Wikimedia Commons / NASA

網路上，所以現在只要上網，很容易就能查到洋流的情形。

無所不在的洋流

世界各大洋的表面，時時刻刻都有洋流存在。以我們身處的北太平洋為例，由於赤道附近固定的風向影響，造成一股從太平洋最東邊持續往西前進的赤道洋流，這股洋流到達太平洋西側之後，遭到亞洲大陸的阻擋，一部分北轉，帶著赤道溫暖的海水從臺灣東部外海往寒冷的北方流去，稱為「黑潮」。

黑潮會在日本東部的外海遇上從北邊帶著冷水南下的親潮，加上此處終年吹著西風的影響，洋流於是轉向東太平洋，往北美洲西岸前進，最後在遇到北美洲陸地阻擋時，再分成往北及往南二個方向繼續前進。像這樣的洋流，存在於地球表面的每一個大洋。

洋流主要源自於地球表面的行星風系。由於海面上的風持續吹向某個方向，海洋表面大約厚 400 公尺的海水也跟著往固定的方向流動，形成洋流。受到大洋周圍陸地分布的影響，洋流大致上都是在赤道北邊以順時針繞圈，赤道南邊則是以逆時針繞圈。如果進一步考慮地球自轉、不同海水間溫度與密度的差異，以及海水離開後留下空間造成的海水補償作用，還可以發現更多不同地區洋流在流動時的特殊現象，像是位在大洋西側的洋流比較密集，東側的洋流比較疏鬆，就是地球由西向東自轉所造成的。

這些在海面上日以繼夜前進的海水，不只

浮球
直徑 30 ～ 40 公分，裝有感測器可以測量海水溫度、鹽度、風向與風速等。並配備 GPS 接收器，可計算自己的位置。

氣壓計

繫繩
10 ～ 15 公尺長（未按比例繪製）

錐筒
利用繫繩將放入海面下 15 公尺深處，測量海水混合層的水流。

ARGOS 計畫把配備 GPS 的追蹤器「流浪者」（上圖）丟進大海，這些「流浪者」會記錄自己的位置變化，並測量海水溫度、鹽度，再經過人造衛星把資料傳送到研究室的電腦裡。

繪圖：張國瑞

41

是船隻航行的「高速公路」，也對調節地球的氣候貢獻良多。所有大洋環流都扮演著從低緯度把大量溫暖海水帶到中高緯度的溫帶甚至寒帶地區的角色，它們調節地球赤道附近因為太陽直射而累積的過多熱量，以及溫帶海域因為太陽斜射所缺少的能量，讓熱帶不會太熱、寒帶不會太冷，每個地方的生態環境都能欣欣向榮。

從北大西洋赤道墨西哥灣附近出發的「灣流」就是最好的例子，它一路往北流經北美東部海岸，並往東走到西北歐洲的沿岸，為這些地方帶來溫暖，避免冬天酷寒的摧殘。而同樣緯度的東歐每到冬天就是一片冰天雪地，顯見洋流的影響力。

除此之外，當海水表面溫度高到一定程度時，就容易出現像颱風這種劇烈的天氣現象。如果洋流在短時間內發生改變，導致海水表面溫度變低，就可能使原本會出現的颱風沒出現；相反的，如果洋流導致某個區域的海水表面溫度變高，就可能導致颱風形成或增強，對當地的天氣會造成很大影響。例如赫赫有名的「聖嬰現象」發生時，赤道太平洋地區的洋流就會受到影響，並且進一步影響臺灣周遭的西北太平洋颱風生成位置、數量和強度。

黃色小鴨捎來警訊

1992 年 1 月，一艘貨輪在北太平洋意外遭受颱風襲擊，十幾個貨櫃落入大海，其中一個貨櫃滿載的 2 萬 8000 個黃色小鴨、綠色小青蛙、藍色小烏龜和橘色小海獺，全部掉進大海裡，跟著洋流漂散到世界各地。（後來黃色小鴨還變成療癒人心的充氣玩偶，繼續環遊世界）這在當時對研究洋流的地球偵探來說，是個非常有趣又振奮的消息，因為只要跟著這些黃色小鴨的腳步，就可以進一步研究洋流的流向和速度。對於有人免費施放大量的「洋流探測器」，大家都覺得很開心。

但是換個角度來看，一般的塑膠垃圾也會像黃色小鴨一樣跟著洋流，漂到世界各地。許多環保團體在海邊淨灘時，都會發現許多貼著其他國家商標的塑膠垃

我有問題！

洋流只發生在海洋表面嗎？

不只靠近海面的海水會流動，不同深度的海水之間也會發生運動。像是大西洋最北邊的海水，就會因為海水鹽度較高、密度較大，導致一部分的表面海水下沉到海底，並且從大西洋的海底向其他大洋流出去，最後又浮出海面，重新流回大西洋的最北端，形成所謂的「溫鹽環流」。

相較於海水表面的洋流流速最快可以達到每秒鐘 1～2 公尺，北大西洋的海水每天大約只下沉 1 公分，所以溫鹽環流要環繞地球一圈，大約需要 1000 年之久，比海水表面的洋流慢多了。

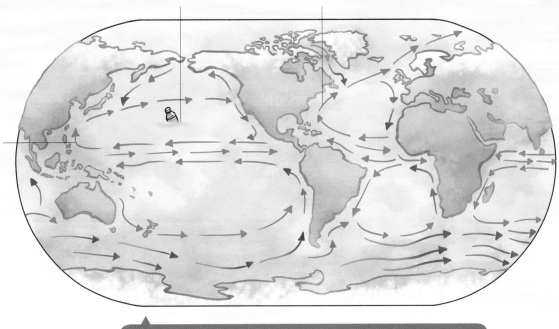

太平洋垃圾帶
這裡的海水流速非常緩慢，不小心落入此區的垃圾很容易永久遺留在此，因此形成了一個特別的「海洋垃圾場」。

灣流
世界第一大洋流。從墨西哥灣附近出發，將溫暖的海水一路往北帶到北美東部海岸及西北歐洲的沿岸。

黑潮
世界第二大洋流。起源於赤道洋流在遇到亞洲大陸時部分北轉，將赤道溫暖的海水，經由臺灣東部外海帶往日本東北方海域。

世界各地的洋流流向分布圖，紅色代表暖流，藍色代表寒流。

坂，例如寶特瓶等等。2011 年日本東北發生 311 大地震之後，被海嘯掃到海裡的哈雷機車、損壞的漁船，甚至是核電廠受損所排出的輻射物質，都曾經隨著洋流被送到數千公里外的北美洲西岸。

並不是所有的垃圾被丟進海洋之後，都會在某個地方「上岸」，有些垃圾將會永遠留在海洋中間。仔細觀察上方的洋流分布圖可以發現，太平洋中間有個很寬廣的區域是空白的，這裡不是沒有洋流，而是流速非常緩慢向著北太平洋中心前進的。換句話說，在海上漂流的黃色小鴨如果被「捲」進前往北太平洋中心的水流，恐怕就會永遠被遺留在大海中間，在海水不斷拍打下，破裂成許多塑膠碎片，進而可能被魚、海龜、海鳥等海洋生物吞下。

洋流讓地球環境變得更適合生物居住，讓生命變得豐富又多采多姿。但是相對的，如果洋流發生了變化，不管是人為因素或是自然因素，都會對地球的生態環境以及人類的生存造成莫大的影響。像是 2015 年底到 2016 年初的聖嬰現象，就是因為洋流受到大氣環境自然因素變化的影響，產生連鎖反應，影響了世界各地的氣候與環境。🈯

作 者 簡 介

周漢強　臺中市清水高中地球科學老師，人稱「強哥」，經營部落格「新石頭城」。從高中開始熱愛地球科學，除了地科之外，他也熱愛加菲貓。

繪圖：張國瑞

大海上的高速公路——洋流

國中地科教師　侯依伶

關鍵字：1.洋流　2.風　3.氣候　4.黑潮　5.地球自轉

主題導覽

　　海水有波浪、潮汐、洋流等各種不同的運動方式。洋流就像是汪洋大海中的水流，不僅可以輸送物質到遠方，也會影響流經地區的氣候和生態。但是洋流的流動並非固定不變的，當海水溫度發生變化時，也會影響洋流的流動，進而造成天氣變化，同時左右了各地生態。

挑戰閱讀王

看完〈大海上的高速公路——洋流〉後，請你一起來挑戰以下三個題組。

答對就能得到👍，奪得 10 個以上，閱讀王就是你！加油！

◎太平洋垃圾帶是由高密度的漂浮塑膠碎片組成，又稱為「垃圾漩渦」或「海洋濃湯」，主要分布於北緯 20 到 40 度之間的北太平洋環流中。這些垃圾聚集的區域可以分成日本外海的「西垃圾帶」以及位於夏威夷和加州之間的「東垃圾帶」，東、西兩個垃圾帶之間由夏威夷群島北部的狹窄海洋垃圾帶相互連接，如右圖。從海陸相對位置來看，北太平洋西側為日本，東側為

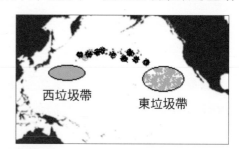

美國，經濟和消費能力的進步，造成眾多的塑膠垃圾。一旦塑膠碎屑到達海洋，漂浮的塑膠碎屑散布於海洋中，隨著水流漂移到遙遠的深海，北太平洋副熱帶高壓所造成的洋流帶動水流旋轉的方向將周圍的廢物帶進來，導致這些塑膠漂浮物在此累積。根據上文，請你試著回答下列問題：

（　　）1.相較於其他大洋，在北太平洋中發現垃圾量驚人的垃圾帶，主要原因為何？

　　　　　（這一題答對可得到 1 個👍哦！）

　　　　　①沿岸國家高度經濟開發　②太平洋洋流流速快

　　　　　③太平洋面積廣闊　④緯度低、氣候溫暖

圖片來源：侯依伶

（　　）2. 科學家在東太平洋垃圾
帶中發現了來自日本的
塑膠廢棄物，參照右圖
全球洋流系統，這些塑
膠製品最有可能是哪一
個洋流帶到東垃圾帶聚
集的？（這一題答對可
得到 2 個👍哦！）

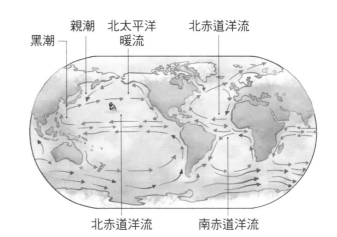

①黑潮　②親潮　③北赤道洋流　④北太平洋暖流

（　　）3. 科學家近年發現其他海域也有類似的垃圾聚集區域。根據上文推論，這些
聚集區域應該都具有下列哪一個特徵？（這一題答對可得到 1 個👍哦！）
①不同洋流的交會處　②沿著大海的邊緣
③洋流流速極為緩慢　④海底下具有火山活動

◎聖嬰現象是指太平洋熱帶地區的海水溫度異常高溫的現象。平常赤道附近由於東
太平洋海平面的氣壓高於西太平洋，所以赤道終年盛行東風，使得赤道東太平洋
海水不斷被吹向西方，深層的海水不斷湧升至表面補充，因此東太平洋表層海水
溫度較低且富含充沛的營養鹽。每隔一段時間，東西太平洋的氣壓差變小，東風
減弱，深層海水不再需要上升補充，因而東太平洋表層的水溫大幅度上升，全球
洋流和大氣的環流系統也被波及而變動。此時，原本溫暖多雨的西太平洋沿岸，
變得少雨乾燥，而原本乾燥的東太平洋卻因對流增強降下大量雨水。請你根據尚
文回答下列問題：

（　　）4. 在正常時期，太平洋赤道兩側的天氣狀況比較結果，應較接近下列哪一個
選項？（這一題答對可得到 2 個👍哦！）
①太平洋東側，高溫潮濕；太平洋西側，低溫乾燥
②太平洋東側，高溫乾燥；太平洋西側，低溫多雨
③太平洋東側，低溫潮濕；太平洋西側，高溫乾旱
④太平洋東側，低溫乾燥；太平洋西側，炎熱潮濕

繪圖：張國瑞

（　　）5.除了氣候變化之外，當聖嬰現象發生時，也會影響到赤道東西兩岸居民的
　　　　生活。以下四項變化，哪些是較有可能發生的？
　　　　（這一題為多選題，答對可得到 2 個👍哦！）
　　　　①太平洋西岸因為降雨增加，容易發生洪水、土石流等災害
　　　　②太平洋西岸的因為氣候乾燥，容易發生森林大火，且不易被撲滅
　　　　③太平洋東岸因為氣候變溫暖，容易發生火山爆發。
　　　　④太平洋東岸因為海水溫度上升，造成海洋生物分布發生變化。

（　　）6.從聖嬰現象的發生以及產生的影響，我們可以知道地球上哪些層圈的變化
　　　　是彼此息息相關的？（這一題為多選題，答對可得到 2 個👍哦！）
　　　　①大氣圈　②水圈　③生物圈　④岩石圈

◎海洋中除了由固定方向的風長期吹送造成的洋流之外，也有由於密度差異所造成
　的洋流。全球各地海水的溫度、鹽度均不同，使得海水密度分布不均，產生壓力
　差，造成海水的流動，稱為「溫鹽環流」。溫鹽環流的流動速度非常緩慢，主要
　起源自北大西洋。北大西洋的洋流在往北行進的過程中，海水逐漸降溫，加上不
　斷蒸發使得海水鹽度增加。因此愈往北邊，洋流的海水愈冷愈鹹，密度隨之增加，
　最後在冰島附近下沉至深海，形成低溫高鹽度的深層洋流。溫鹽環流在深海底繼
　續往南大西洋流動，在非洲南端及南極洲之間流進印度洋，再繼續往東進入太平

洋而且逐漸向上湧升，
形成較淺較暖的洋流，
再繞了個圈回流入印度
洋，最後進入南大西洋，
往北至北大西洋。

（　　）7.下列何者是推動
　　　　溫鹽環流的力
　　　　量？（這一題答對可得到 1 個👍哦！）
　　　　①風吹送的力量　②地球自轉的力量
　　　　③地形高低產生的壓力差　④海水密度的差異

圖片來源：Wikimedia Commons

（　）8. 受到全球暖化的影響，北極的冰山發生崩解，並向南漂移。隨著冰山融化

成水，會讓北太平洋的海水發生下列何種變化？

（這一題答對可得到 1 個 👍 哦！）

①溫度下降、鹽度上升　②溫度下降、鹽度下降

③溫度上升、鹽度上升　④溫度上升、鹽度上升

延伸思考

1. 由於洋流會影響流經地區的氣候和漁業，所以對鄰近海洋的國家而言相當重要。
   臺灣也是四面環海，想一想，生活中哪些事情跟臺灣外海的洋流方向息息相關呢？

2. 查一查，除了因為風的影響產生的吹送流，以及受到海水密度影響產生的溫鹽環
   流之外，地球上還有哪些因素會影響海水的流動？

3. Argo 計畫通過全球 30 多個國家的合作來研究全球海洋觀測網，使任何國家可以
   探測海洋環境，這個計畫可為氣候、天氣、海洋學及漁業研究提供實時海洋觀測
   數據。Argo 計畫的觀測系統由大量布放在全球海洋中自由漂移的自動探測設備
   組成。查查看這個計畫目前獲得了哪些觀測資料，想一想，你可以如何利用這些
   資料來進行海洋的相關研究呢？

天空的立法者 克卜勒

克卜勒是德國天文學家與數學家，現代天文學的奠基者之一。
他所提出的行星運動三大定律，不僅為人們揭開了行星運動的神秘面紗，
更為日心說提供了強而有力的證據，
甚至促成數十年後，牛頓導出萬有引力理論。

撰文／水精靈

克卜勒出生於德國西南部，早產兒的他體質很差，三歲時染上天花，雙手受創，視力受損，於四歲時又患上了猩紅熱，身體受到了嚴重的摧殘，一隻手半殘。雖然克卜勒身體瘦弱，眼睛近視又散光，但是他有個非常聰明的數學頭腦。

克卜勒在大學時期認識了數學老師馬斯特林。馬斯特林是最早接受哥白尼「日心說」的天文學者之一，不過他在大學裡只教授托勒密的「地心說」天文系統，只有在研究所的學程中，他才教授哥白尼的天文系統。

三年後，克卜勒獲得天文學碩士學位，在馬斯特林介紹下，到奧地利新教徒神學院教授數學及天文學。克卜勒利用私人閒暇的時間鑽研天文學與占星術，他發現了正多面體及行星距離間的關係，寫成了一本充滿神祕占星色彩的書《宇宙的奧祕》，並寄給知名的丹麥天文學家第谷。

西元1600年，奧地利發生了宗教改革運動，加上《宇宙的奧祕》這本書受到了第谷的賞識，克卜勒便前往布拉格，當第谷的助手。他們的會面是科學史上的大事，象徵經驗觀察與數學理論的結合，導致了科學發現的重大突破。

克卜勒小檔案

- 1571 年出生於德國的符騰堡，自幼體弱多病。
- 12 歲時進入修道院學習。
- 18 歲獲得一筆獎學金，進入德國杜賓根大學研讀神學和數學，透過馬斯特林教授接觸到了哥白尼的日心說。
- 25 歲出版了《宇宙的奧祕》一書，受到丹麥天文學家第谷的賞識。
- 29 歲應邀成為第谷的助手，從事行星軌道的計算。隔年第谷去世，克卜勒被指定繼承了第谷的職位，負責完成第谷未完成的工作。
- 38 歲出版了《新天文學》，內容包括「克卜勒行星運動三大定律」的前兩條。
- 48 歲出版了《世界的和諧》，書中記載了第三行星運動定律。
- 59 歲辭世。

第谷的遺願

第谷是神聖羅馬帝國皇帝的天文官，一生的精力都用在觀測星體，但年老的他已經無法下床工作了，因此他寫了封信，邀請克卜勒來繼承他的事業。「我並不是因為你遭受困厄而請你來此，而是出於共同研究的願望與要求。」第谷在信中寫道。

那天，克卜勒前往布拉格第谷的家。

「請問，第谷先生在家嗎？我是從奧地利來的克卜勒。」

「我這兒沒有要撿芭樂！」從門內傳來一位老人沙啞低沉的聲音。

克卜勒不死心，鼓起勇氣，試著將門推開。喀嚓一聲，門打開了，克卜勒朝裡面望去，在這個古堡式的房間內，擺著一個巨大的半圓形軌道，上頭附有可移動的尺規，房內擺滿儀器，牆上掛著托勒密體系、哥白尼體系和第谷體系三張天體圖。

就這樣，克卜勒留了下來，開始擔任第谷的助手。

1601 年的某天，第谷將克卜勒召來他的床前。

「我這一輩子想觀察記錄一千顆星，但是現在看來不可能了。」第谷的聲音相當微弱：

托勒密體系

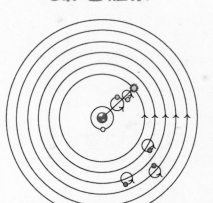

哥白尼體系

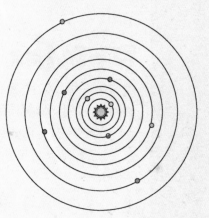

第谷體系

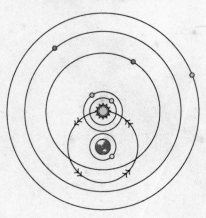

「我把我所有的資料全留給你，你要將它編成一張星表，發表出來。而且，為了感謝當初支持我的國王，這份星表就以他的名字神聖羅馬帝國皇帝魯道夫二世來命名吧！」

第谷喘了口氣後，看著周圍陪伴他一生的儀器，還有牆上的圖表，再次開口要求道：「你還得答應我一件事。在編製星表和著書時，你必須按照我的體系！」

克卜勒百般不願，因為他崇尚的是哥白尼的天體體系。不過，他仍含淚答應了這個垂危老人的請求。

第谷微微轉過頭對守在床邊的女婿騰格納爾說：「我的遺產由你來處理，那些我累積20年的觀測資料，你就全交給克卜勒吧。」說完便咳然長逝。克卜勒默默流下淚水，他好不容易能拜見這位天文學達人，想不到才一年，老師便辭他而去。

不過這時，騰格納爾突然轉身，將裝著第谷所有觀測資料的箱子關上，並上了鎖，轉身走出門外。

天文上的成就

第谷逝世後，克卜勒被指定繼承了第谷的職位。

其實克卜勒是哥白尼主義者，跟第谷毫不相容，但他的心中仍然很尊重自己的老師。1602年，他整理出版了第谷的遺著六卷本《新編天文學初階》，次年又出版了第谷的《釋彗星》，甚至在克卜勒晚年時，看到有人攻擊第谷彗星的本質、行星運動時，還特地撰文辯駁。

1604年，蛇夫座爆發了一顆明亮的超新星。由於是一種極為罕見而異常壯觀的天象，克卜勒得知消息後，便進行了長達一年關於超新星位置、亮度、顏色、升落的記錄。1607年，他出版了《蛇夫座腳部的新星》，後人為了紀念他，將該超新星命名為「克卜勒超新星」。

在此時，他也完成了《天文光學說明》一書，詳盡的論述了天文觀測的光學條件，並解釋了近視和遠視的原因，也揭示了視網膜

繪圖：黃榆儒

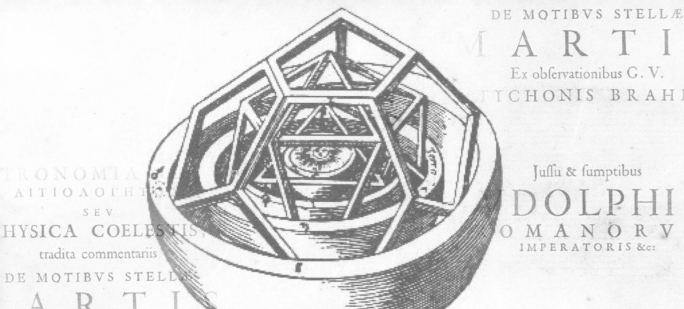

的作用，指明了眼鏡能夠矯正視力的根本原理。後來人類對於眼睛結構和功能的認識，可以説是完全建立在克卜勒的分析基礎之上的。1611 年他出版的《折光學》一書，提出了光的折射原理和近代望遠鏡的理論。

克卜勒繼任第谷在皇家的天文官職位之後，為實現對第谷的諾言，便打算留在布拉格編制星表，並研究行星的軌道。由於薪水只有第谷的六分之一，而且皇室還常常拖欠，他的經濟狀況也開始拮据，這不但影響了他的天體研究，也影響了他的身體和家庭生活。因為編制星表需要大量繁雜的計算，他卻無力支付幾個助手的費用，加之第谷的女婿騰格納爾以「第谷家族」主事者身分自居，對於克卜勒要求他履行第谷的遺言，騰格納爾總是以「三不一沒有」（不記得、不知道、不清楚、沒有

印象），處處刁難，遲遲不交出全部資料，所以克卜勒只好暫停星表的編著，轉而研究火星。

八分之差

自古以來，無論是托勒密、哥白尼還是第谷的天文體系，都認為天上的東西都是以最完美的型態及法則在運轉：天體是正球形，運轉的軌道是正圓形，星球是行圓周運動。起初克卜勒也這樣認為，不過，他緊盯著第谷觀測火星的資料研究，愈看愈不對勁，把數據套到圓形軌道中，連算了幾個月還是有著「八分」的誤差（相當於秒針走 0.02 秒的角度）。他深信第谷觀測數據的精密度，自己的計算也沒有問題。

某天，當克卜勒正重覆驗算著一連串的數字，他的夫人悄悄走進了房間。

◀第谷是克卜勒的老師。第谷去世後，克卜勒繼承了第谷的工作與遺願，編著了《魯道夫星表》。

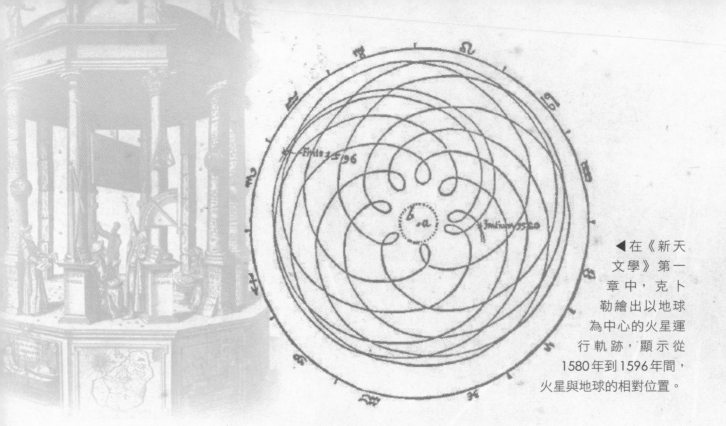

在《新天文學》第一章中，克卜勒繪出以地球為中心的火星運行軌跡，顯示從1580年到1596年間，火星與地球的相對位置。

「這個家窮得跟什麼似的，你還在夢想你的天體！你是在做口碑？做功德？還是做心酸的？看看你桌上這些東西，這有什麼意義嗎？」

「意義？我只知道義氣啦！我要完成第谷的願望！在這之前，我得降服馬爾斯（火星）！我的星表不能沒有它！」

克卜勒的妻子擦擦眼淚後嘆氣道：「我真是那你沒辦法 …… 你想怎樣就去做吧。」

就在夫妻兩人牛衣對望、新亭對泣時，從窗外傳來一陣輕快的歌聲。

「一閃一閃亮晶晶，好像你的身體，藏在眾多孤星之中，還是找得到你。」

這位唱歌的老兄，正是克卜勒的數學老師兼摯友馬斯特林。多年來他們一直保持通信，探討天文、數學、物理。這次他遠道而來，正好見到克卜勒正與妻子抱在一起掩面痛哭。

「親愛的克卜勒，你這些年到底在做些什麼？怎麼會弄成這樣子？」

「我想弄清楚行星的軌道。」

「這個問題從托勒密到你的老師第谷，不是都已經確定了嗎？」

「不對！觀測資料與計算結果顯示了彼此有八分之差呀！」

馬斯特林搖搖頭說：「唉唷，八分，這樣一個小角度搞不好是第谷在記錄時的誤差哩！看看你頭上那浩瀚無窮的宇宙！難道連這一點誤差你也無法容許？」

克卜勒十分堅決的說：「這不是正常的誤差！我親眼目睹第谷是如何細心工作的，老師的觀測誤差不超過二分！」

「既然他的觀測都是對的，為什麼他自己沒有對行星軌道提出懷疑？」

「你不也對目前體系沒有任何懷疑嗎？」馬斯特林聽完便拂袖而去。

即使得不到周圍的人的理解，克卜勒也沒有一絲動搖。真相只有一個！現在最要緊的

一閃一閃亮晶晶～

芭樂

是「克卜勒」啦！

小敏唱的「小星星」真好聽。

便是緊緊盯住火星，探求規律。

克卜勒第一與第二運動定律

克卜勒對火星及地球試著用各種大小不同的圓、不同的圓心（不一定是太陽）、不同速度來解釋，總是與紀錄有出入。他放棄了「等速圓周運動」模式，而改用「變速圓周運動」，還是沒有成功。由於他不僅是一個天文學家，還教過多年數學，他想著，古希臘的阿基米德就知道世界上不只有一個圓，還有更複雜的圓錐曲線。最後，他放棄了圓，改嘗試各種不同的圓錐曲線，終於發現橢圓軌道最符合紀錄。1605 年，克卜勒終於降服了火星，推翻了等速圓周運動、同心球理論及周轉圓理論等衍生出的複雜模式。

他立即寫信給馬斯特林，不過受到了馬斯特林的冷處理，而歐洲其他有名的天文學家更是對他公開嘲笑。克卜勒興沖沖的獲得這個發現，又冷冰冰的碰了一鼻子灰，之後便閉門不出，一人宅在家寫書。就在某天他把

書完成之時，門外有人來叫門。

「克卜勒！來來來……來來……哩來！不然老子我扛瓦斯炸你全家！」

一聽這聲音，克卜勒眉頭便鎖了起來。外頭像隻招財貓般正揮著手、嘴裡大聲嚷嚷的傢伙竟然是第谷的女婿騰格納爾！

「你竟然沒經過我的同意，偷偷將這些資料拿來出書？！」

「汝不悅，勿購！」（你不爽不要買！）

氣話歸氣話，一想到答應過第谷，他只好忍住氣，勉強撐起笑臉問：

「你有什麼條件？」

「要出書，可以，先答應我的條件！」

此時克卜勒似乎看到第谷老師正對他說：「現在放棄的話，所有努力就白費了唷！」

在一陣討價還價之後，克卜勒答應讓騰格納爾寫一篇文章放在書的前頁，這本《新天文學》才算出版，把人們數百年來信奉不渝的圓形軌道，通通變成了橢圓形，也簡化了哥白尼日心說模型。

繪圖：曾建華

克卜勒第一定律

每一個行星都沿各自的橢圓軌道環繞太陽,太陽則處在橢圓的一個焦點中。

克卜勒第二定律

在相等時間內,太陽和運轉中的行星的連線所掃過的面積,都是相等的。(A₁=A₂)

克卜勒第三定律

各個行星繞太陽公轉周期的平方和它們的橢圓軌道的半長軸的立方成正比。($T^2/R^3=1$)

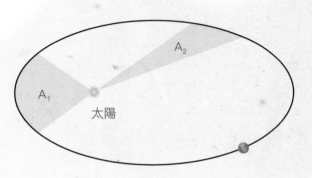

在克卜勒的橢圓定律中,行星沿橢圓軌道繞太陽運行,太陽位於這些橢圓的一個焦點上,此為克卜勒第一運動定律。再者,當時的天文學家仍然遵循古代天文學的概念,認為行星運動只不過是運動學上的問題,但克卜勒提出正確的運動方法,將物理學引入天際,他認為行星繞太陽做圓周運動時,在一定時間內掃過的面積相等,此為克卜勒第二運動定律。

克卜勒第三運動定律

克卜勒在研究火星軌道問題時,心中無時不惦念著第谷託付的星表。1611年,他心愛的兒子染上傳染病過世,魯道夫皇帝也不久身亡,整個國家政局不穩,宗教鬥爭嚴重。克卜勒被迫離開布拉格,到今日奧地利的小鎮林斯擔任數學教師。此時的他主要的工作,是致力於探討各種宇宙和諧現象。

克卜勒和數學家畢達哥拉斯一樣,認為世間一切物體都有一定的「和諧」的數量關係,便將這一堆數字互加、互減、互乘、互除、自乘、自除,翻來倒去,想試著發現其中的規律。他把地球到太陽間的距離 R 定為 1 天文單位,地球繞太陽的公轉週期 T 定為 1 年,以此為標準,再換算其他行星的週期和距離,得到這麼一堆數字:

行星名稱	行星週期 T(太陽年)	平均距日 R(天文單位)	T^2	R^3	T^2/R^3
水星	0.241	0.387	0.058	0.058	1.000
金星	0.615	0.723	0.378	0.378	1.000
地球	1.000	1.000	1.000	1.000	1.000
火星	1.881	1.524	3.537	3.538	1.000
木星	11.862	5.203	140.701	140.819	0.999
土星	29.457	9.555	867.693	872.325	0.995

繪圖:黃榆儒

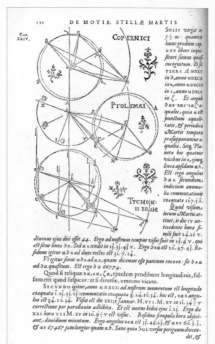

▶左為克卜勒在1619年出版的《世界的和諧》，他在這本曠世巨著中，將自己的和諧理論擴展到音樂、占星術、幾何學及天文學，並於最後一章提出著名的克卜勒第三定律；右為他在1609年出版的《新天文學》，書中闡述了著名的克卜勒第一與第二運動定律。

仔細觀察，表中最後一欄的數字幾乎一模一樣：行星繞太陽運轉時，其運轉週期 T 的平方，和其與太陽間平均距離的立方，比值為一定值。此為克卜勒第三運動定律，亦稱為和諧定律，克卜勒將這項發現寫在《世界的和諧》這本書中。

測天高，量地深

但是說好的星表咧？克卜勒的故事還沒結束，他的最後目標是趕快完成星表。

1618年，當時爆發的農民革命奪占了林斯，克卜勒只好全家遷離。在逃難期間，他仍記著要把星表完成的目標，以第谷精準的觀察紀錄結合自己的行星運動定律，終於在1627年出版了《魯道夫星表》。

1630年，克卜勒在經濟上又陷入困境，他設法回林斯，想追回他擔任皇室數學家期間的積欠薪餉。此時的他，已經好幾天沒吃飯了，飢寒交迫的他發著高燒，躺在德國南方的雷根斯堡的一個商人家裡。自知不久人間的他寫下了幾行詩句置入信封，並請人寄回家。幾天後，這位使天上的行星都得聽命於他的科學家就這樣在貧病交困中死去。

他寄回家裡的詩句，就是他為自己撰寫的墓誌銘：

「我欲測天高，今欲量地深。上天賜我靈魂，凡俗的肉體長眠於此地。」

克卜勒的定律給予亞里斯多德派與托勒密派在天文學與物理學上極大的挑戰，他澈底摧毀了托勒密複雜的宇宙體系，完善並簡化了哥白尼的日心說。他所創立的行星運動三大定律為牛頓發現萬有引力定律打下基礎。為了紀念他，2009年3月6日發射的觀測太陽系外行星的太空望遠鏡，被命名為克卜勒太空望遠鏡。🈯

作 者 簡 介

水精靈　隱身在PTT裡的科普神人，喜歡以幽默又淺顯易懂的方式與鄉民聊科普，真實身分據說是科技業工程師。

天空的立法者——克卜勒

國中地科教師　羅惠如

關鍵字：1.日心說　2.行星運動三大定律　3.萬有引力　4.天文單位

主題導覽

　太陽、月球、各種星體在地球的天空運行，太陽繞地球轉？抑或地球繞太陽轉？克卜勒在科學史上赫赫有名，他在所處的當代天文學思維下，利用自己天文學與數學的專長，不僅挑戰了舊有的托勒密體系天體圖，並且以哥白尼日心說為基礎，參考了第谷的資料，後來經過不斷嘗試及思考提出的行星運動三大定律，更為牛頓發現萬有引力打下基礎。

挑戰閱讀王

看完〈天空的立法者——克卜勒〉後，請你一起來挑戰以下三個題組。

答對就能得到👍，奪得 10 個以上，閱讀王就是你！加油！

◎請你試著回答下列有關科學史的問題：

（　）1.透過文章脈絡順序，可知克卜勒的時代最被人所接受的天體系統是何者？

　　　　（這一題答對可得到 1 個👍哦！）

　　　　①托勒密體系　②哥白尼體系　③第谷體系　④克卜勒體系

（　）2.哪一個不是文章中提到有關克卜勒對科學上的貢獻？

　　　　（這一題答對可得到 1 個👍哦！）

　　　　①行星運動三大定律　②日心說

　　　　③訂定 1 天文單位　④提出近代望遠鏡理論

（　）3.透過對文章的理解，克卜勒最終認定的行星系統最接近選項中哪一種圖示？（這一題答對可得到 2 個👍哦！）

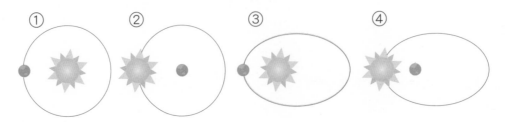

◎根據克卜勒提出行星運動的方法會遵循行星運動定律：克卜勒第一定律「每一個行星都沿各自的橢圓軌道環繞太陽，太陽處在橢圓的一個焦點中」、克卜勒第二定律「在相等時間內，太陽和運動中的行星的連線所掃過的面積都是相等的」。

請你依照第一及第二定律回答下列問題：

(　　)4.以克卜勒第一及第二運動定律為基礎，因相同時間內掃過面積相同，代表圖示 A1 及 A2 面積相同；請問路徑長 S1 及 S2 何者較長？又可推論行星運行至 X 點或 Y 點時，何處的公轉速率較快？（速率＝距離／時間）（這一題答對可得到 2 個👍哦！）

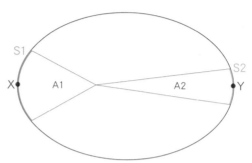

①S1；X　②S1；Y　③S2；X　④S2；Y

(　　)5.以克卜勒第一及第二運動定律為基礎，地球繞太陽公轉時，可推論地球運行至近日點或遠日點，何處的公轉速率較快？

（這一題答對可得到 1 個👍哦！）

①近日點　②遠日點

(　　)6.24 節氣是依照太陽在黃道上移動的角度來訂定的，每個節氣相差 15 度，四個分至點相隔 90 度，下列為近幾年各分至點的時間，以此判別，地球於哪個分至點運動速率最慢？（這一題答對可得到 2 個👍哦！）

	春分	夏至	秋分	冬至
2018 年	2018/3/21 00:15	2018/6/21 18:07	2018/9/23 09:54	2018/12/22 06:23
2019 年	2019/3/21 05:58	2019/6/21 23:54	2019/9/23 15:50	2019/12/22 12:19
2020 年	2020/3/20 11:50	2020/6/21 05:44	2020/9/22 21:31	2020/12/21 18:02
2021 年	2021/3/20 17:37			
	春分到夏至天數	夏至到秋分天數	秋分到冬至天數	冬至到隔年春分天數
2018 年	92.74444444	93.65763889	89.85347222	88.98263889
2019 年	92.74722222	93.66388889	89.85347222	88.97986111
2020 年	92.74583333	93.65763889	89.85486111	88.98263889
三年平均	92.74583333	93.65972222	89.85393519	88.98171296

①春分　②夏至　③秋分　④冬至

（　　）7. 由上題資料可推得地球運行至哪個分至點將離太陽最近？

（這一題答對可得到 1 個👍哦！）

①春分　②夏至　③秋分　④冬至。

◎克卜勒認為萬物都有一定的和諧數量關係，因此他試著將地球到太陽間的距離定為一天文單位，地球繞太陽的公轉週期定為一年，並發現各行星繞太陽公轉週期的平方和它們的橢圓軌道的半長軸的立方成正比（克卜勒第三定律），請根據他的假設回答下列問題：

（　　）8. 若地球與太陽的距離為 1 天文單位，火星與太陽的距離為 1.5 天文單位，則地球與火星距離最近時相距多遠？（這一題答對可得到 1 個👍哦！）

①0.5 天文單位　②1 天文單位　③1.5 天文單位　④2 天文單位

（　　）9. 天文學上常見的距離除了天文單位，另一個較熟知的就是「光年」，指光在真空中一年間內所傳播的距離，一光年為 63239 天文單位，不同的星體會運用不同的單位來表示，已知地球上能觀賞得到的某彗星，其近日點、遠日點使用何者來敘述較為適當？為什麼？

（這一題答對可得到 1 個👍哦！）

①天文單位；因為天文單位是以地球為出發點所定的，較適合地球上可觀測到的星體

②天文單位；天文單位適合較短距離的敘述

③光年；是比較近代才制定

④光年；彗星會離去到很遠的地方，需要使用光年來敘述較遠的距離

延伸思考

1. 利用文章中所附「水星、金星、地球、火星、木星、土星」平均距日距離（天文單位）資料，在直線上以太陽為原點表示出與各行星的相對位置，試著體會尺度的大小關係，並思考位於地球上的我們如果要在星空中看到這些行星，可能的觀測時間是什麼時候？一天中的哪些時候才能看見？

2. 月球繞地球公轉也遵循克卜勒行星運動定律，使得月球與地球間的距離有時近有時遠，當距離較近時，因月球視直徑較大，看起來的月亮也較大，請上網搜尋有關「超級月亮」的資料，超級月亮出現時是位於公轉軌道的近地點還是遠地點呢？容易出現於農曆何時？是初一、初七、十五、二十二？為何是這些時間呢？

3. 哥白尼在科學史上對於天文學的貢獻也極為重要，面對時代、宗教主流的壓力，能提出日心說著實不容易。請上網觀賞哥白尼的生平影片，或參閱圖書館書籍資料，了解哥白尼與克卜勒在天文學上面對的難題異同處，並思考解決的過程（是否需要多種專業結合才能解決他面臨的難題？是否需要諮詢其他專業人士的建議？當新見解被他人質疑時，如何說服他人或如何面對？）

星際殺手之
隕石撞擊
滅門慘案

恐龍和眾多地球生物同時慘遭滅門的兇殺事件，
在地球偵探們鍥而不捨的努力之下，
終於找出最大的嫌疑犯──隕石。

撰文／周漢強

距今 6550 萬年前，當時地球的主宰者——恐龍家族，勢力遍及全球海洋、陸地與空中，聲勢如日中天、不可一世。然而，這些稱霸地球超過一億年的恐龍家族，卻突然消失在地層化石紀錄之中——自從 6550 萬年前的中生代白堊紀地層裡，恐龍化石最後一次出現之後，更新的地層裡就再也看不到恐龍的蹤跡了。

6550 萬年前恐龍滅絕時，全世界大約還有一半的生物種類都和恐龍一樣完全滅絕，消失在地球上。這是地球生物歷史上一場相當慘烈的滅門血案，也是所有人類不曾經歷，更無法想像的兇殺案件！所有的地球偵探都日以繼夜的明察暗訪，想找出兇手是誰。直到今天，愈來愈多的證據顯示，這場地球生物滅門血案的兇手，可能是惡名昭彰的星際殺手——隕石！

▲美國蒙大拿州是全世界最著名的恐龍化石發現地，這裡的地獄溪谷地層中，可以發現各種著名的恐龍化石。

確認犯案時間點：
地層中的化石紀錄

為了探究這場 6000 多萬年前的血案，地球偵探前往北美洲西部的美國蒙大拿州，這裡是全世界最著名的恐龍化石發現地，也是發生血案的重要現場。在蒙大拿州的地獄溪谷地層中，我們可以發現各種著名的恐龍化石，包括：暴龍、甲龍、三角龍和腫頭龍，出現在中生代白堊紀地層的最上層，也就是恐龍王朝最後的 1000 萬年期間。從這個地層再往上，時間進入新生代，恐龍化石就不再出現，正式宣告恐龍這種生物滅絕了。

在這場滅門血案的眾多受害者之中，雖然我們最感興趣的是恐龍，但因為大部分的恐龍還是生活在陸地上，而陸地上的生物要被保存下來變成化石比較不容易，所以尋找兇

案發生時刻的工作，主要還是得從全世界當時的海洋地層化石紀錄著手。在被保存下來的海洋地層裡我們發現，當時海洋中最著名的生物——菊石，也在這一場血案中完全滅絕。雖然菊石的種類在中生代末期已經漸漸減少，卻是在 6550 萬年前左右的地層界線前後迅速的大量消失。這個時間點不僅和北美洲陸地恐龍消失的年代符合，海洋中也有大量浮游生物在同一時間滅絕。

剎那之間，好像全世界無數的生物都慘遭毒手。

很長一段時間，想找出生物滅絕原因的地球偵探都一無所獲。難道這些滅絕的生物，

大量銥元素發現處

▲阿弗雷茲父子在發現銥元素異常的義大利古畢歐地層前面合影，銥元素大量存在於兩人中間那條黑線處。

圖片來源：CK Preparations(左圖)、Wikimedia Commons(右圖)

都是在生物演化和生存競爭下遭到淘汰的命運嗎？那為什麼全世界將近一半的生物種類會同時滅絕？還是當時地球發生了劇烈的環境變化，導致大量生物無法適應環境而滅絕呢？地球偵探之間流傳著種種假設，卻始終缺乏關鍵性的證據。

一直到了 1980 年代，一位曾經獲得諾貝爾物理獎的地球偵探阿瓦雷茲，和他擔任地質學家的兒子以及兩位化學家，在世界各地中生代地層與新生代地層之間的一層黏土裡（這層黏土代表的年代就是恐龍和眾多地球

生物遭到毒手的關鍵時刻），發現兇手留下的犯案證據——銥，這種金屬元素在地球表面含量極少，在隕石中的含量卻相對豐富。既然世界各地在這個時間的地層中，都累積了大量銥元素，豈不直指兇手就是天外飛來的隕石？！

但是，隕石坑在哪裡？

尋找兇嫌的足跡：
被遺忘的隕石坑

如果殘忍殺害大量地球生物的兇手真的是

隕石坑，I got you ！

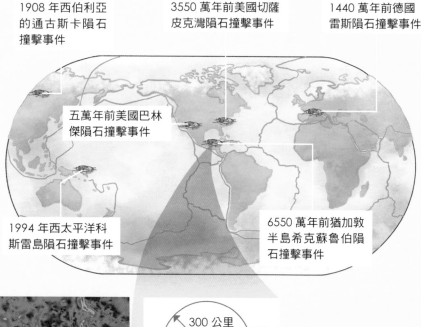

幾千萬年來，許多隕石在世界各地留下了痕跡，最著名的六個隕石坑位置如右圖所示。其中位於猶加敦半島北側的希克蘇魯伯隕石坑，便是中生代白堊紀末期的隕石撞擊事件所留下，這個撞擊事件極可能造成了恐龍滅絕。希克蘇魯伯隕石坑經過長年的風化、侵蝕作用，早已難尋蹤影。直到 1990 年代，地球物理學家潘菲德對當地的重力異常調查結果以及希爾德布蘭的地質調查結果才被綜合起來，證明了希克蘇魯伯隕石坑就是恐龍滅絕的「兇案現場」。

1908 年西伯利亞的通古斯卡隕石撞擊事件

3550 萬年前美國切薩皮克灣隕石撞擊事件

1440 萬年前德國雷斯隕石撞擊事件

五萬年前美國巴林傑隕石撞擊事件

1994 年西太平洋科斯雷島隕石撞擊事件

6550 萬年前猶加敦半島希克蘇魯伯隕石撞擊事件

美國墨西哥州石油公司的地球物理學家潘菲德在 1978 年發現希克蘇魯伯有接近圓形的重力異常區域，圓形的直徑將近 180 公里（白色虛線）。

300 公里

重力異常區域加上地質調查的結果，科學家確認了希克蘇魯伯隕石坑的存在，並且發現其直徑高達 300 公里左右。

繪圖：張國瑞（上圖）／圖片來源：Wikimedia Commons(右下圖)、NASA/JPL(左下圖)

隕石，那麼地球偵探至少要找到最重要的一項證據，就是嫌犯在兇案現場留下的腳印——隕石坑，而且這個隕石坑還必須夠大，才足以一次滅絕那麼多的生物種類，形成的時間也必須與滅絕事件吻合。如果隕石坑太小或是形成的時間不對，就等於嫌犯有了不在場證明一樣，必須重新尋找犯人。

可是，地球有70％的面積是海洋，如果隕石是掉落在茫茫大海裡面，恐怕我們十輩子也找不到那個隕石坑。即使隕石幸運的掉落在陸地上，經過長時間的風化、侵蝕作用，隕石坑也很可能已經被抹平。就像是兇手雖然在泥巴地留下了清楚的腳印，但是一場大雨過後，腳印就會消失得無影無蹤，地球偵探就甭想靠著腳印找到兇手了。

「阿瓦雷茲地球偵探團」雖然在1980年時，大張旗鼓召開國際記者會宣布銥元素的最新發現，全世界的地球偵探也熱熱鬧鬧的討論了好一陣子，可是如果找不到隕石坑，要宣布破案實在言之過早。時間不知不覺就過了十年，找不到隕石坑的地球偵探們漸漸死心，心想要找到這個隕石坑恐怕是不可能的任務吧！大家萬萬沒想到，其實在阿瓦雷茲提出嫌疑犯是隕石的這個假設之前，關鍵的隕石坑早就被找到了。

找到隕石坑的是一位美國墨西哥州石油公司的地球物理學家潘菲德，他在1978年就發現加勒比海的猶加敦半島北側，一個名叫希克蘇魯伯的地方，有個圓弧形的磁性異常區域，於是他把十多年前公司在同一個地區進行重力異常的測量調出來，發現同樣存在一個接近圓形的異常區域，圓形的直徑將

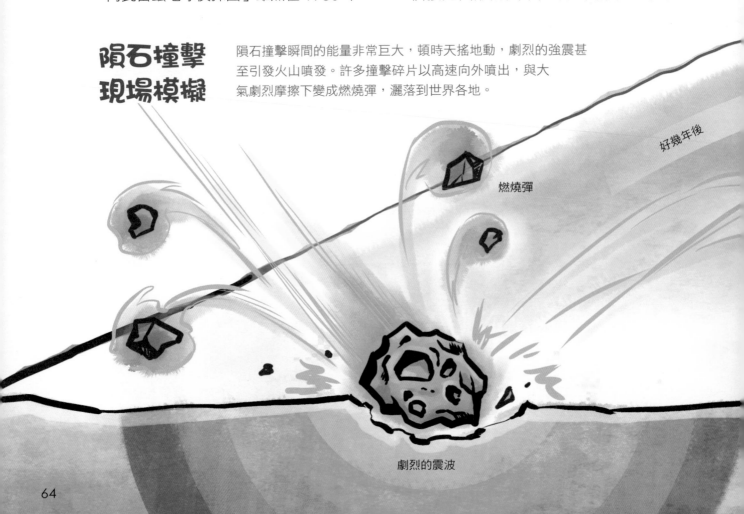

隕石撞擊現場模擬

隕石撞擊瞬間的能量非常巨大，頓時天搖地動，劇烈的強震甚至引發火山噴發。許多撞擊碎片以高速向外噴出，與大氣劇烈摩擦下變成燃燒彈，灑落到世界各地。

好幾年後

燃燒彈

劇烈的震波

繪圖：張國瑞

近 180 公里。雖然當時石油公司不允許潘菲德把公司的資料對外發表，但是他仍舊在 1981 年的地球物理探勘學會發表了這個觀察結果。只可惜潘菲德並不知道他發現的圓形構造就是一個巨大的隕石坑，更可惜的是，當時很多地球偵探都沒有參加那個研討會，而是去了同時間舉辦的「隕石殺死了恐龍？！」研討會，於是這個關鍵證據在檔案櫃裡擺了將近 10 年之久。

就在差不多同一個時間，另一位來自美國亞利桑那大學的地球偵探希爾德布蘭也在加勒比海周圍進行地質調查，他發現在加勒比海周圍的中生代和新生代地層交界處，存在很多類似玻璃隕石的物質、受到巨大壓力所產生的衝擊石英、比例高得異常的銥元素黏土層、還有可能是海嘯所導致的雜亂岩石沉積地層，種種證據似乎都在暗示，隕石撞擊的地點就在加勒比海附近，但就是找不到隕石坑。

所有的巧合終於在 1990 年有了交集。一

濃密的灰塵雲

隕石坑

無法存活的植物

儘管隕石撞擊事件已經過了好幾年，細小的灰塵碎片仍停留在大氣表層裡，長時間把陽光阻隔在地球之外。地球環境變得艱困，生物難以存活。

劇烈震波引發火山噴發

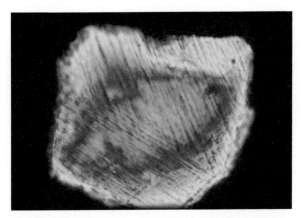

▲石英在受到巨大壓力作用時，內部會出現線型的結構（標本來自切薩皮克灣隕石坑）。

位記者線民把十幾年前潘菲德曾經發現地底下巨大圓形構造的消息告訴希爾德布蘭，兩位地球偵探終於首次聯手出擊，把石油公司 1950 年代挖掘地底下岩層的標本給找出來，證明這個圓形構造曾經造成巨大的壓力與高溫，導致下方岩石變質。隨著後續的研究結果一一發表，這個地底圓形構造，逐漸被確認就是一個巨大的隕石坑，而且隕石撞擊的時間，就是恐龍與眾多地球生物滅絕的時刻——6650 萬年前左右。

可能的犯案手法：
隕石撞擊如何導致生物滅絕

隕石坑被找到了，時間點也沒錯，現在只剩下最後一個未解的問題，那就是隕石撞擊之後究竟發生了什麼事，使得那麼多地球生物同時滅絕？

首先，地球偵探們發現希克蘇魯伯隕石坑遠遠不只當初所估計的 180 公里寬，那其實只是隕石坑的中心部分，整個隕石坑的範圍應該有 300 公里寬，相當於一顆直徑 10 公里左右的隕石撞擊地球所形成。這樣一顆隕石撞擊產生的能量，大約是 200 萬顆全世界威力最強的氫彈，或是 500 億顆廣島原子彈的爆炸威力。可想而知，在隕石撞擊地球的瞬間，地球進入了有如煉獄般的場景。

隕石撞擊瞬間所產生的巨大能量，除了會產生史無前例的巨大海嘯衝擊鄰近地區之外，劇烈的震波也可能引發世界各地的地震及火山噴發。撞擊出的大大小小碎片會往地球上空噴發，大塊碎片在落下時會與大氣摩擦產生高溫，讓碎片變成燃燒彈灑落到世界各地，把森林幾乎燃燒殆盡。細小的碎片則是變成灰塵，停留在大氣表層很長一段時間，把陽光阻隔在地球之外。於是殘破的食物鏈以及極端艱困的地球環境，導致大量生物滅絕的連鎖效應，造成這次的慘案。

接下來的思考與偵辦方向：
會不會有下一位星際殺手？

地球周圍其實還有相當多的小行星在快速飛行。一旦這些小天體的軌道接近地球，就有可能被地球的萬有引力給牽引而撞上來。這些天體的體積大多相當小，對地球的危害也不會太大，而根據估計，直徑 10 公里的

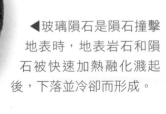

◀玻璃隕石是隕石撞擊地表時，地表岩石和隕石被快速加熱融化濺起後，下落並冷卻而形成。

隕石直徑、撞擊能量與平均撞擊時間間隔關係圖

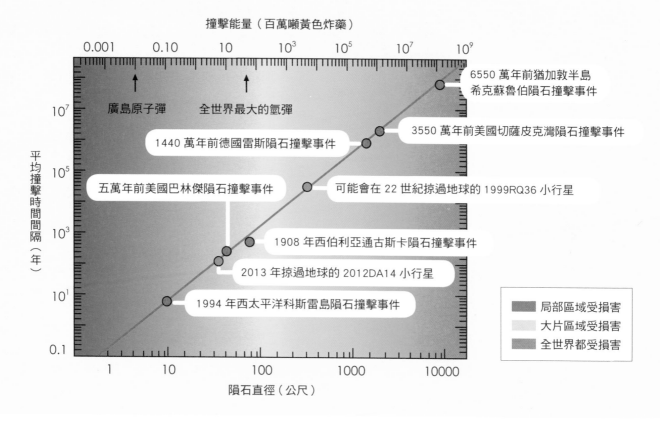

撞擊能量（百萬噸黃色炸藥）

廣島原子彈　全世界最大的氫彈

平均撞擊時間間隔（年）

6550 萬年前猶加敦半島希克蘇魯伯隕石撞擊事件

3550 萬年前美國切薩皮克灣隕石撞擊事件

1440 萬年前德國雷斯隕石撞擊事件

五萬年前美國巴林傑隕石撞擊事件

可能會在 22 世紀掠過地球的 1999RQ36 小行星

1908 年西伯利亞通古斯卡隕石撞擊事件

2013 年掠過地球的 2012DA14 小行星

1994 年西太平洋科斯雷島隕石撞擊事件

局部區域受損害
大片區域受損害
全世界都受損害

隕石直徑（公尺）

隕石撞擊地球的機率，大約是一億年一次。我們不能排除有下一位星際殺手造訪地球的可能，但在我們有生之年不太容易遇到。

換個角度來看，其實還有一個盡責的星際守衛在守護著我們，那就是月球。月球表面分布著大大小小無數的隕石坑，如果每一顆撞在月球表面的隕石不是被月球擋住，而是直接撞向地球，導致更多次像恐龍滅絕的大規模慘案發生，說不定地球上早就沒有生命存在了。

雖然已經有這麼多證據，指向隕石撞擊就是中生代末期生物大滅絕的元兇，但是對於作案手法、是否有其他共犯、兇手會不會另

有其人，地球偵探都還在持續偵辦中。期待各位讀者未來也可以加入地球偵探的行列，一方面尋找證據探查真正的兇手與犯案方式，另一方面可以預先設想，如果又有一顆巨大的隕石朝著地球而來，該怎樣避免再次發生巨大災難呢？就讓我們一起努力拯救地球吧！ 科

作者簡介

周漢強　臺中市清水高中地球科學老師，人稱「強哥」，經營部落格「新石頭城」。從高中開始熱愛地球科學，除了地科之外，他也熱愛加菲貓。

繪圖：張國瑞

星際殺手之隕石撞擊滅門慘案

國中地科教師　羅惠如

關鍵字：1. 隕石撞擊　2. 希克蘇魯伯隕石坑　3. 白堊紀　4. 銥元素　5. 恐龍滅絕

主題導覽

　　地球史上出現過五次生物大滅絕，其中第五次就是較為人熟知的「6500 萬年前左右的恐龍滅絕事件」（後文簡稱「白堊紀大滅絕」），科學證據顯示應該有個巨大的隕石撞擊地球而導致氣候改變，以至於牽連食物鏈及生態系，使得無法適應當時環境變化的物種因此滅絕。一般而言，地層沉積是由下往上累積，透過沉積物及裡面的化石證據，我們得以推測當時的歷史事件及環境變化的先後順序，藉此獲知當時造成滅門慘案的兇手可能就是隕石。

挑戰閱讀王

看完〈星際殺手之隕石撞擊滅門慘案〉後，請你一起來挑戰以下三個題組：
答對就能得到👍，奪得 10 個以上，閱讀王就是你！加油！

◎化石通常存在於沉積岩岩層中，沉積岩主要因風力、水力將碎屑由下往上堆疊，再經成岩作用等形成，地層由下至上按照順序的堆積，稱為疊置定律。在地層不經地質作用（如地層翻轉）的狀況下，愈下層愈舊、愈上層就愈新，我們也能透過岩層中的化石來判斷哪個時期是位於海洋或是陸地，請依這些說明及文章內容回答下列問題：

（　　）1. 在內文圖中，銥元素大量存在於照片中阿弗雷茲父子所指的黑線處。請判斷 A 及 B 處分別為哪個時代的地層？
　　　　（這一題答對可得到 1 個👍哦！）
　　　　①中生代、新生代　②中生代、中生代
　　　　③新生代、中生代　④新生代、新生代

（　　）2. 銥元素在元素週期表中屬於過渡金屬，在地球上是存在的，只是因密度較大，地殼內含量較少。在文章中較高含量的銥元素位在中生代及新生代地

層交界中，為何能成為隕石撞擊地球導致氣候改變的證據？

（這一題為多選題，答對可得到 2 個 👍 哦！）

①科學家認為銥元素為不屬於地球原本的物質

②通常隕石含量較高

③撞擊時碎裂的隕石灰塵揚起參雜在大氣中落下，世界上不同處都有發現銥元素層的存在

④隕石撞擊地球時產生很大能量使之產生過渡金屬銥元素

（　　）3.據推測，導致白堊紀大滅絕的這顆隕石撞擊在墨西哥灣附近，我們在距離 3000 公里外北達科他州同一時間點的化石發現，魚類的鰓有著熔岩顆粒、琥珀中也有隕石顆粒，在此時的地層也發現海洋生物及陸地生物化石都混雜在這一個地層，最好的解釋可能為？（這一題答對可得到 2 個 👍 哦！）

①隕石撞擊引發海嘯或湖嘯　②隕石將地表上生物撞飛於天空後落下

③隕石將陸地生物撞進海裡　④隕石使得板塊移位

◎當科學家面對全球性白堊紀大滅絕事件，有著許多不同的解釋，要證明發生隕石撞擊，則需要找到隕石撞擊的地點及隕石坑，科學家是如何一步步解謎的呢？根據文章內容回答下列問題：

（　　）4.要找到幾千萬年前的隕石坑著實困難，地貌會受風化、侵蝕、搬運、沉積作用而改變，科學家透過哪些證據找到本文提及的隕石撞擊產生的隕石坑呢？（這一題為多選題，答對可得到 2 個 👍 哦！）

①磁場異常區域

②重力異常區域

③中生代及新生代地層交接處存在玻璃隕石物質

④脈衝石英

（　　）5.透過重力資料的推測，可從圖中發現希克蘇魯伯隕石坑，其中重力異常區呈現何種分布形狀？

（這一題答對可得到 1 個 👍 哦！）

①帶狀　②盆狀　③同心圓　④點狀

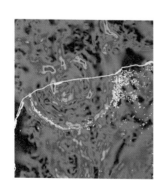

◎太陽系中除了太陽為恆星外，最著名的還有八大行星，但除了這些天體，在剩餘空間其實充斥許多小行星，當它們在太空中運行時，可能被地球引力吸引而墜落，成為隕石。然而會造成致災性隕石的小行星並不多，大多在穿越大氣層時因高溫摩擦，已燃燒殆盡或縮小體積，墜落於地表時較不會致災。請根據第 67 頁的「隕石直徑大小、撞擊能量與平均撞擊時間間隔關係圖」回答下列問題。

（　）6. 體積較大的小行星平均撞擊時間間隔較長、較少撞擊地球，下列哪項敘述為較可能的原因？（這一題答對可得到 1 個👍哦！）

①較大的小行星運行軌道較穩定，較小的小行星較容易被吸引

②較大的小行星較容易被肉眼觀察，才能被我們發現有撞擊的可能

③較小的小行星數量較多，使撞擊的機會大增

④較大的小行星能量較多，不容易被地球吸引過來

（　）7. 地球發射許多人造衛星到太空，它們都有使用的年限，壽命終了後難以送回地球摧毀，至今已累積約 75 萬個太空垃圾，這些物體與地球的距離可能都比我們所知的小行星來得近，它們為何沒有因地球引力吸引而墜毀大氣層呢？（這一題答對可得到 2 個👍哦！）

①這些太空垃圾因為離心力的關係被拋在距離地球某高度上旋轉

②當初運行的慣性，使它動者恆動，繞行著原本的運行軌道

③這些太空垃圾剛好位在地球及月球中間，兩星球均提供引力，使太空垃圾維持在中間無法移動

④大多的太空垃圾質量太小，與地球間的相對距離顯得很大，所以引力很小，難以被吸往大氣層

延伸思考

1. 關於第五次生物滅絕事件的緣由，科學家有眾多猜想，在推論的歷史中，不僅有隕石撞擊這樣的科學證據來支持此次生物滅絕原因，另外尚有其他的科學發現指稱，在隕石撞擊前曾有火山爆發，以致引起生物滅絕。查查看，支持火山爆發導致生物滅絕理論的科學家是如何想的？至今有無更為貼切的說法來解釋此次生物滅絕的原因呢？

2. 中生代白堊紀是極為溫暖的時期，第五次生物滅絕的原因不管是何種推論，最後都導向「環境的改變導致食物鏈崩壞」這樣的結果，主要論點為灰塵遮擋了太陽光，行光合作用的生物無法順利進行光合作用而死亡，使食物鏈從根本崩壞；除此之外，氣候變得較冷，我們常聽說內溫動物因此逐漸蓬勃，外溫動物如大型恐龍則因此滅絕。試問現今的外溫動物，如青蛙、鱷魚（體型可能還比當時某些恐龍來得大）等這些物種，為何能存活至今、沒有在當時滅絕呢？思考其中的可能性，並查詢資料支持你的論點。

3. 重力是反應地球形狀的重要資料，臺灣內政部於民國 96 年設置國家重力基準站來測量各處重力資料，你知道臺灣是否有隕石坑嗎？臺灣的科學家藉由地形地貌的觀察、重力異常的資料等，推測臺灣隕石坑的位置，請查查看這些科學家有哪些猜想，透過重力異常資料能佐證隕石坑的存在嗎？

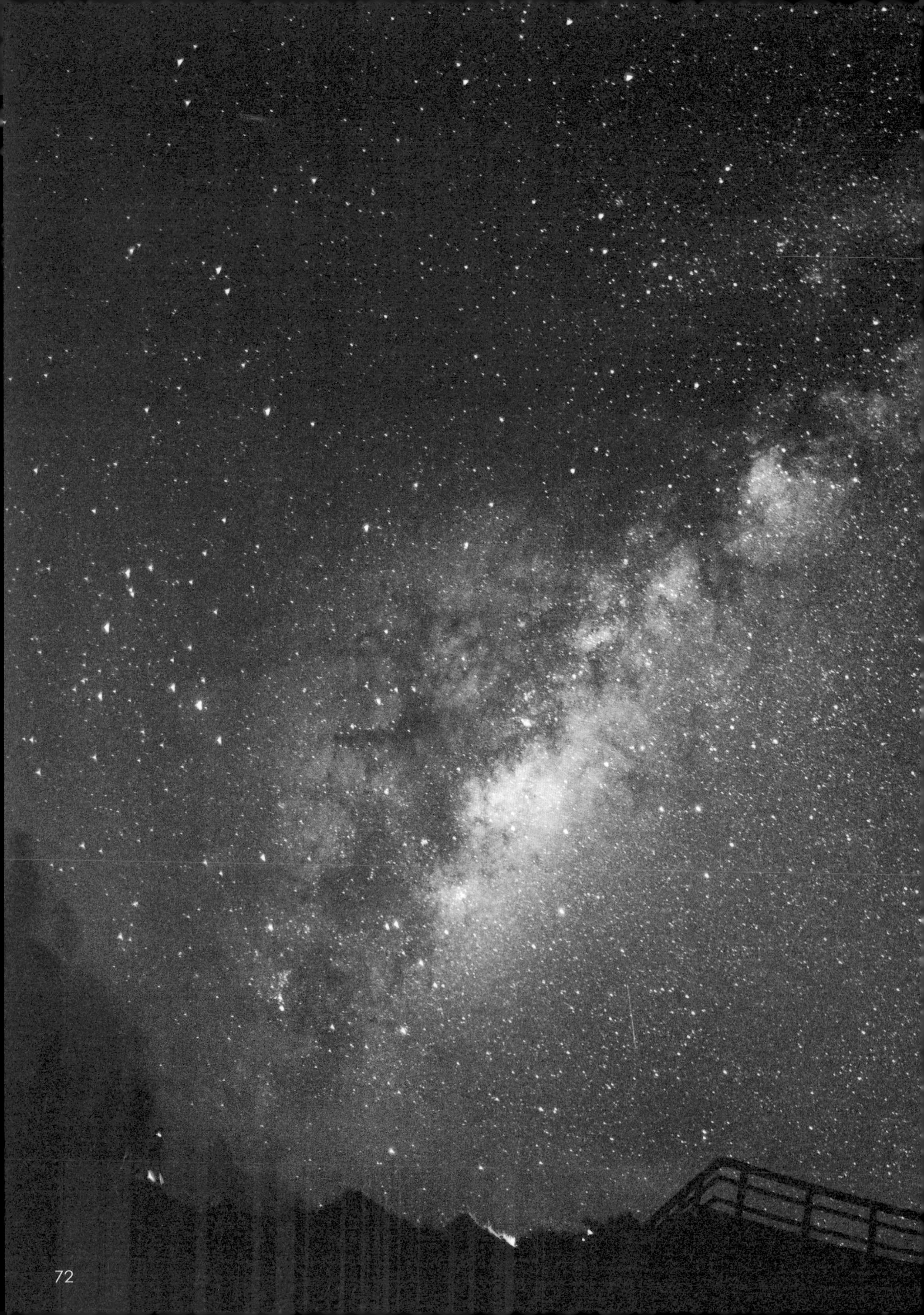

我們所居住的銀河系

我們居住的地球位於太陽系，
太陽系又包含在銀河系中，那銀河系到底長什麼樣子？
銀河系的外面還有其他星系嗎？

撰文／邱淑慧

你有看過銀河嗎？在晴朗光害少的夏季夜晚，抬頭仰望天空，可以看見雲帶般的構造橫過天空，這就是中國古代神話中分隔了牛郎與織女的銀河。其實，天空中的銀河會這麼明亮，是因為聚集了特別多的恆星，而看起來之所以會像雲一樣霧霧的，則是因為雲氣特別多的緣故。為什麼在這個方向上，有特別多的恆星和雲氣呢？

攝影：林世忠

雖然自古以來人們就對夜空中的銀河非常熟悉，但是直到 1610 年代，伽利略發明了天文望遠鏡，我們才看出銀河是由許多的個別恆星所組成。西元 1750 年，英國天文學家萊特首度提出，天空中的銀河，其實是因為太陽系位在一個恆星聚集的系統，因此由某個方向看出去，會有大量的恆星集中區域。1781 年，英國天文學家赫雪爾藉由數星星的方法，估計天空中各個方向的星星數量，推估出太陽系是位在一個更大的系統——銀河系裡，這個系統包含了數量龐大的恆星，不過他那時認為太陽是位在銀河系的中心（如上圖）。一直要到 1918 年，美國天文學家夏普里才發現太陽其實位在銀河系較外側的位置。

雖然目前的科技仍無法讓我們飛出銀河系之外看個仔細，也不能拍到銀河系的整體外觀，但隨著觀測技術的進步，以及天文學家的不斷推測與發現，我們已經可以推估銀河系大致是個圓盤狀的構造（見右頁圖），直徑約 10 萬光年，也就是光從銀河系的一端走到另一端，要花上 10 萬年的時間，太陽位在盤面上較靠外側處，距離銀河中心約 2 萬 7000 光年。從上往下看，恆星在盤面上的分布並不均勻，大多數恆星聚集形成漩渦般的旋臂，太陽位在其中一個旋臂上。所有恆星繞著銀河系中心公轉，太陽公轉一圈約要 2.5 億年，看似很慢，但因為距離很遠，所以每秒可是要距 250 公里呢！從側面看，銀河系主要是個扁平的構造，中央是突起的核球。在盤面之外，也有恆星分布，只是數量不像盤面上那麼多。

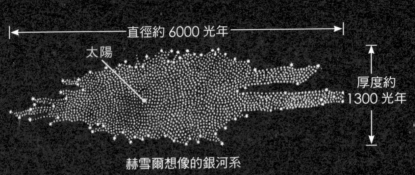

直徑約 6000 光年

太陽

厚度約 1300 光年

赫雪爾想像的銀河系

銀河系的中心有什麼？

最近科學家發現，銀河系的核球其實不是橢圓球狀，而是像帶殼的花生一樣的形狀。那麼，在銀河系明亮又巨大的核心裡面，到底存在什麼呢？位在盤面上望向銀河中心時，會受到厚重塵埃的遮蔽，使我們無法看清楚。科學家藉由測量恆星的公轉速度，發現在銀河系的中心有個大質量的黑洞。這個黑洞會把銀河系吃進去嗎？答案是不會的，因為黑洞雖然引力強大，但只有在一定範圍內的物質會受到黑洞的吸引而朝黑洞墜落。

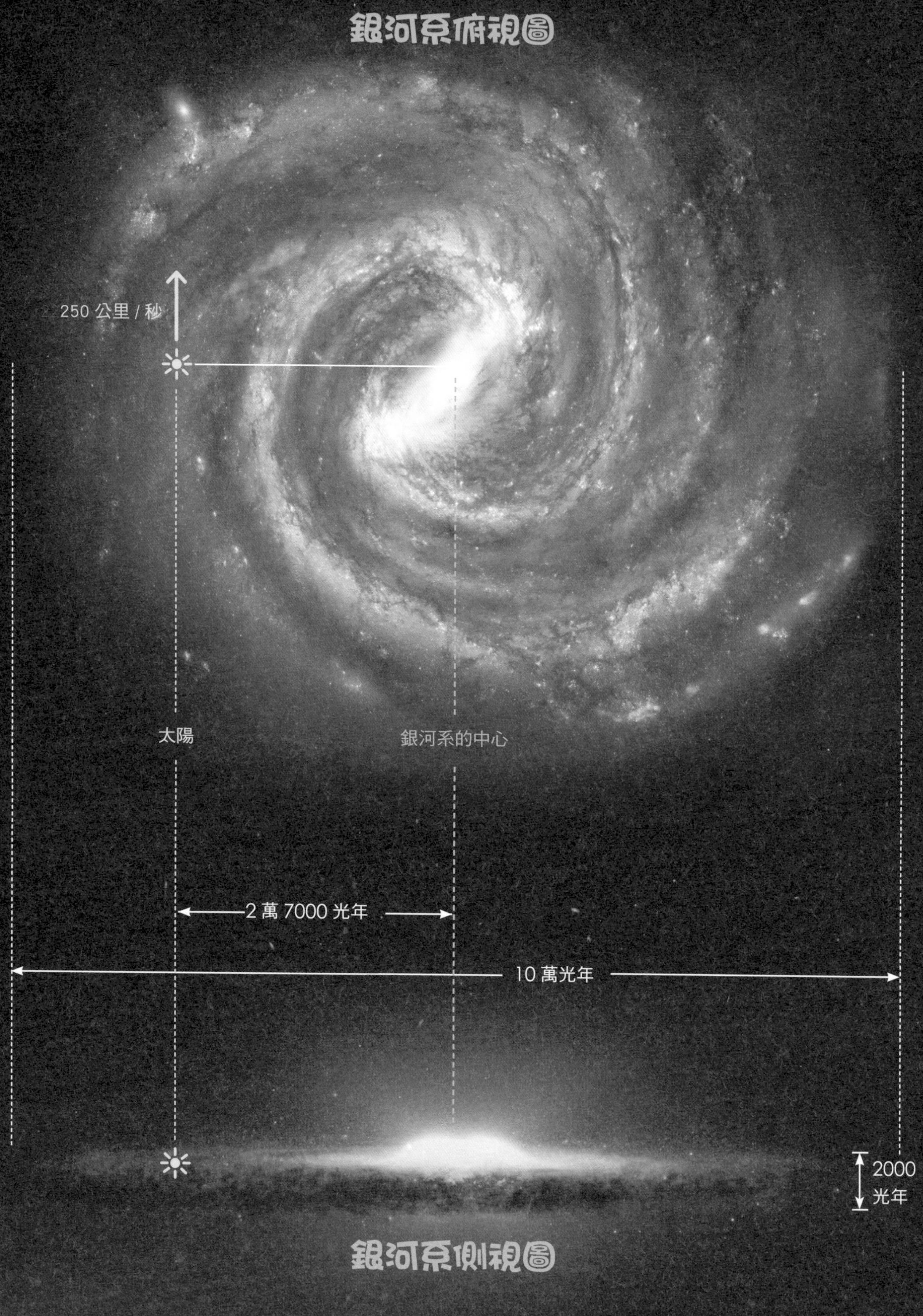

銀河系俯視圖

250 公里 / 秒

太陽

銀河系的中心

2 萬 7000 光年

10 萬光年

圖片來源：NASA

2000
光年

銀河系側視圖

疏散星團：由數十到數千個質量較大的年輕恆星組成，恆星之間彼此距離遠。圖中為薔薇星雲中的疏散星團 NGC2244。

銀河系的家族成員

在銀河系裡面，除了太陽以外，還有約數千億顆和太陽一樣會發光發熱的恆星，距離太陽最近的恆星為半人馬座 α 星，距離我們約 4.3 光年。有些恆星因為萬有引力而彼此束縛，形成星團，星團可以依照恆星的數量和型態分成球狀星團（右圖）與疏散星團（上圖）。

而在恆星間那些霧霧的部分，則是星雲，是宇宙中的灰塵和氣體（左下圖）。星雲很濃密的地方，可能會因為萬有引力而聚集向內收縮，當收縮造成的壓力夠大，使中心開始進行核融合反應，開始發光發熱，就成為恆星。而恆星晚年可能膨脹或爆炸，把組成物質散到太空中，又會形成星雲（右下圖）。

因此宇宙中有些星雲是恆星的殘骸，有些則是正在誕生新恆星的地方。

星雲會遮蔽或反射周圍恆星的光，因為能量的不同而呈現出不同的顏色，在宇宙中展現各種美麗或神祕的姿態。

球狀星團：由數千到數百萬個質量較小的年老恆星組成，外觀呈現球形。圖中是稱為 M53 的球狀星團。

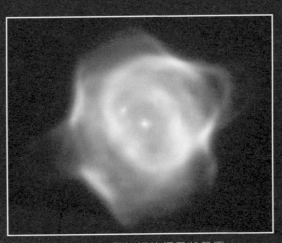

虹角星雲：是已知最年輕的行星狀星雲。

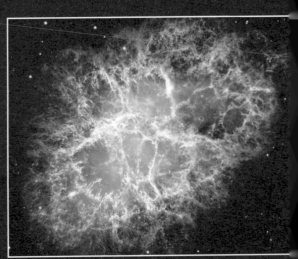

蟹狀星雲：是恆星爆炸所造成。

其他的星系家族

　　1920 年代，美國的天文學家哈伯首度證實了宇宙中除了銀河系外，還有其他的星系存在，他觀測了許多星系之後，將星系依照形狀分類，主要可以分為螺旋星系、橢圓星系、不規則星系與棒旋星系。經由地面和太空望遠鏡的觀測和搜尋，目前我們認為宇宙中至少有數百億個星系，而銀河系只是其中之一。

科

作 者 簡 介

邱淑慧　中央大學天文研究所碩士，現任國立花蓮女中地球科學教師。

螺旋星系：
有著漩渦般的構造，有顯著的盤面與旋臂。

橢圓星系：呈現橢圓形狀，宇宙中的星系大多屬於此類型。

不規則星系：沒有特定的外觀形狀。

棒旋星系：狀似螺旋星系，但中央部分有棒狀結構，目前認為銀河系屬於此類。

圖片來源：NASA

我們所居住的銀河系

國中地科教師　羅惠如

關鍵字：1.銀河系　2.太陽系　3.星雲　4.恆星　5.光年

主題導覽

　不同季節的夜晚仰望星空，可見到不同的星空樣貌，銀河與太陽、月亮同樣都會東升西落，位在北半球的我們，若要觀察銀河，最好的觀察時間為夏夜，此時銀河高掛在天空的時間長，易於觀察。我們所居住的太陽系就位於銀河系中，宇宙中尚有許多與銀河系同等位階的星系，宇宙之浩瀚，必須就由天文望遠鏡來觀察，才能讓我們略知一二。

挑戰閱讀王

看完〈我們所居住的銀河系〉後，請你一起來挑戰以下三個題組。

答對就能得到👍，奪得 10 個以上，閱讀王就是你！加油！

◎透過古今的天文觀測以及根據文章內容，請試著回答下列問題：

（　）1.在天文科學史中，要能較清楚的知道銀河系的組成，最主要仰賴何物？

　　　　（這一題答對可得到 1 個👍哦！）

　　　　①天文望遠鏡　②希臘神話故事　③照相機　④電腦繪圖技術

（　）2.透過對文章的理解，以下幾個在文章中出現的名詞所代表的尺度，最大到最小的排列依序為何？（這一題答對可得到 1 個👍哦！）

　　　　①太陽系、銀河系、星雲、地球　②銀河系、太陽系、地球、星雲

　　　　③星雲、銀河系、太陽系、地球　④銀河系、星雲、太陽系、地球

（　）3.有關銀河系的敘述，選項中哪幾個較為貼切？

　　　　（這一題為多選題，答對可得到 2 個👍哦！）

　　　　①形狀為螺旋星系

　　　　②整體為圓盤狀構造

　　　　③太陽系位於銀河系的一條旋臂上

　　　　④整著銀河系的寬度大約為 10 光年

◎宇宙浩瀚無垠，透過古今的觀測資料我們能歸納及描繪出宇宙的圖像，因距離較遠，我們常以光年這樣的大尺度單位來描述，雖然光年是距離單位，但光以同樣的速率運動抵達我們眼中，距離遠需要更多的時間，因此我們所見 10 公尺外的物體與 1 光年外的物體所存在的時間是不同的。舉例來說，10 公尺外的物體與此時此刻相差不久，但我們所見 1 光年外的物體則是一年以前的狀況了。以此為觀測發想，請回答下列問題：

（　　）4.宇宙間的大尺度距離常以光年為單位，光年為光在真空中一年間內所傳播的距離，這樣的大尺度會如何影響我們？

（這一題為多選題，答對可得到 2 個👍哦！）

①我們所見星空天文影像是古老年代的影像

②要從地球到太陽系外進行太空旅行，除非使用光速前進，否則難以在有生之年到達

③即使在太陽系外觀測到可適合生物生存的星球，當我們抵達時可能已經不適合居住了

④當我們指稱 31 光年外有類似地球的星球，意指觀察到的是這星球 31 年前的樣貌

（　　）5.不同的月份需在不同的時間點才能觀察得到銀河，除了銀河需掛在天空外，也需要注意光害的影響，可搭配月亮升起落下時間做為參考（大約時間為農曆初一 06:00 升起 18:00 落下；初七 12:00 升起 21:00 落下；十五 18:00 升起 06:00 落下；二十七 21:00 升起 12:00 落下），下列哪些時間點較適合觀賞美麗的銀河？（這一題為多選題，答對可得到 2 個👍哦！）

北半球銀河中心升起時間				
月份	升起		落下	
	方位	時間	方位	時間
1 月	東南方	5.30	西南西方	12.00
2 月	東南方	3.30	西南西方	10.00
3 月	東南方	1.30	西南西方	8.00
4 月	東南方	23.30	西南西方	6.00
5 月	東南方	21.30	西南西方	4.00
6 月	東南方	19.30	西南西方	2.00
7 月	東南方	17.30	西南西方	0.00
8 月	東南方	15.30	西南西方	22.00
9 月	東南方	13.30	西南西方	20.00
10 月	東南方	11.30	西南西方	18.00
11 月	東南方	9.30	西南西方	16.00
12 月	東南方	7.30	西南西方	14.00

①8 月份的農曆初一晚上 8 點　②6 月份的農曆初一晚上 12 點

③1 月份的農曆二十七晚上 12 點　④11 月份的農曆十五晚上 8 點

（　）6. 承上題，考慮地球繞太陽公轉軌道，運行到哪個季節夜晚看到的銀河，才是面對銀河中心的方向？（這一題答對可得到 2 個👍哦！）

①春　②夏　③秋　④冬

◎銀河系的家族成員包括星雲、星團、恆星等，在地球上使用天文望遠鏡觀看，有時發現總有些雲狀的構造遮蔽了想看的地方，這些雲狀構造稱為星雲，星雲也有各種分類、各種顏色，其中散布著不少恆星。恆星聚集則形成星團，星團也有不同的樣貌。請回答下列問題：

（　）7. 距離銀河中央常為較老的恆星，而旋臂外圍常是較年輕的恆星，許多恆星會因重力而互相牽引形成星團，依型態分成球狀星團及疏散星團，根據文章，面向銀河中心較容易觀察到哪種星團？

（這一題答對可得到 1 個👍哦！）

①球狀星團　②疏散星團

（　）8. 恆星間霧霧的部分為星雲，由宇宙中的灰塵和氣體組成，有關星雲的敘述，哪些選項較為符合其敘述？（這一題為多選題，答對可得到 2 個👍哦！）

①可以是恆星誕生的地方

②可以是恆星死亡的墳墓

③星雲可以主動發出不同的光，讓宇宙增添不同的顏色

④天空中所能觀察到的星雲都位於太陽系內

延伸思考

1. 1781 年天文家赫雪爾統計天空 683 個區域的恆星數量，他推想如果我們是面對
   銀河系中央的方向，應該會看到密度較高的區域（恆星較為聚集的區域），反之
   如果是向著銀河系邊緣的方向則看到的恆星密度應較為疏鬆。想一想，赫雪爾為
   什麼會認為我們是在銀河系的中央？（可以藉由第 74 頁的圖片來思考）

2. 現在已知太陽距離銀河系的中央大約 2 萬 7000 光年，銀河系寬度約 10 萬光年。
   由於我們位處銀河系中，無法藉由直接觀察來測量，科學家是如何得出數據？請
   利用圖書館或網路資料，查查看這些距離是如何估算出來的？

3. 使用 Stellarium 軟體（電腦版或手機版本均可）觀察七夕當天晚上 8 點的星空，
   找到位於銀河兩旁的牛郎星（或稱河鼓二、牽牛星）與織女星，體會古人徜徉在
   無光害的夏日夜晚觀察到的數個亮星所編織出來的古老故事，並查找有關天琴座、
   天鷹座的相關資料，藉由資料結果推論構成天琴座與天鷹座的這幾個亮星，是否
   位在同一平面？

多讀書有益健康！

科學少年
好書大家讀
跨界素養持續放送中！

數學也有實驗課？！
賴爸爸的數學實驗

賴以威新作

賴爸爸的的數學實驗：
15 堂趣味幾何課
定價 360 元

化學實驗好愉快
燒杯君系列

實驗器材擬人化
化學從來不曾如此吸引人！

燒杯君和他的夥伴
燒杯君和他的化學實驗
燒杯君和他的偉大前輩
每本定價 330 元

培養理科小孩
我的STEAM遊戲書系列

動手讀的書，從遊戲和活動中建立聰明腦，
分科設計，S、T、E、A、M 面面俱到！

有注音！

中文版書封設計中　　中文版書封設計中

我的 STEAM 遊戲書：科學動手讀
我的 STEAM 遊戲書：科技動手讀
每本定價 450 元

我的 STEAM 遊戲書：工程動手讀
我的 STEAM 遊戲書：數學動手讀
預計 2021 年中出版

戰勝108課綱
科學閱讀素養系列

跨科學習 × 融入課綱 × 延伸評量
完勝會考、自主學習的最佳讀本

科學少年學習誌：
科學閱讀素養生物篇 1～4
科學閱讀素養理化篇 1～4
科學閱讀素養地科篇 1～4
每本定價 200 元

動手學探究
中村開己的紙機關系列

日本超人氣紙藝師
讓人看一次就終生難忘的作品

中村開己的企鵝炸彈和紙機關
中村開己的 3D 幾何紙機關
中村開己的魔法動物紙機關
中村開己的恐怖紙機關
每本定價 500 元

做實驗玩科學
一點都不無聊！系列

精裝大開本精美圖解，與生活連結，
無論在家或出門，都能動手玩實驗！

一點都不無聊！我家就是實驗室
一點都不無聊！帶著實驗出去玩
每本定價 800 元

學習STEM的最佳讀物
酷科學系列

文字輕鬆簡單、圖畫活潑有趣
幫助孩子奠定 STEM 基礎

酷實驗：給孩子的神奇科學實驗
酷天文：給孩子的神奇宇宙知識
酷自然：給孩子的神奇自然知識
每本定價 380 元

酷數學：給孩子的神奇數學知識
酷程式：給孩子的神奇程式知識
酷物理：給孩子的神奇物理知識
每本定價 450 元

揭開動物真面目
沼笠航系列

可愛插畫 × 科學解說 × 搞笑吐槽
讓你忍不住愛上科學的動物行為書

有怪癖的動物超棒的！圖鑑　　定價 350 元
表裡不一的動物超棒的！圖鑑　　定價 480 元
奇怪的滅絕動物超可惜！圖鑑　　定價 380 元
不可思議的昆蟲超變態！圖鑑　　定價 400 元

解答

炎炎夏日「颱」客到
1.（2） 2.（3） 3.（3） 4.（1） 5.（2） 6.（1）（2）（3） 7.（2） 8.（4） 9.（2）

看天氣圖說故事
1.（3） 2.（2） 3.（3） 4.（2） 5.（3） 6.（1） 7.（1） 8.（1）

空氣監測自己來
1.（4） 2.（1）（2）（3） 3.（2）（3）（4） 4.（3） 5.（2） 6.（2） 7.（1）（2）（3）（4）
8.（1） 9.（4）

大海上的高速公路──洋流
1.（1） 2.（4） 3.（3） 4.（4） 5.（2）（4） 6.（1）（2）（3）（4） 7.（4） 8.（2）

天空的立法者──克卜勒
1.（1） 2.（2） 3.（3） 4.（1） 5.（1） 6.（2） 7.（4） 8.（1） 9.（2）

星際殺手之隕石撞擊滅門慘案
1.（3） 2.（2）（3） 3.（1） 4.（1）（2）（3）（4） 5.（3） 6.（1） 7.（4）

我們所居住的銀河系
1.（1） 2.（4） 3.（2）（3） 4.（1）（2）（3）（4） 5.（1）（2） 6.（2） 7.（1）
8.（1）（2）

科學少年學習誌
科學閱讀素養◆地科篇 2

編者／科學少年編輯部
封面設計／趙璦
美術編輯／沈宜蓉、趙璦
資深編輯／盧心潔
出版六部總編輯／陳雅茜

發行人／王榮文
出版發行／遠流出版事業股份有限公司
地址／臺北市中山北路一段 11 號 13 樓
電話／ 02-2571-0297 傳真／ 02-2571-0197
郵撥／ 0189456-1
遠流博識網／ www.ylib.com 電子信箱／ ylib@ylib.com
ISBN ／ 978-957-32-8832-9
2020 年 9 月 1 日初版
2022 年 12 月 1 日初版五刷
版權所有‧翻印必究
定價‧新臺幣 200 元

國家圖書館出版品預行編目

科學少年學習誌：科學閱讀素養地科篇2／
科學少年編輯部編.--初版.--臺北市：遠流，
2020.09
88面；21×28公分.
ISBN978-957-32-8832-9（平裝）
1.科學2.青少年讀物
308   109005010